中1数学をひとつひとつわかりやすく。

京華中学・高等学校教頭
永見 利幸 監修

Gakken

先生から，みなさんへ

　中学校1年生で数学が得意になる生徒がいます。そんな生徒たちに聞いてみますと，
「小学校では計算が大変だったけど，中学校では文字で表現できます。円周率3.14も文字なので計算がしやすくて，基本的な数学の規則を守って学習すれば，答えは1つで簡単です。」
とか，
「数学って，あるていど解き方をまねして覚えないとだめですね。」
と話してくれます。

　ですから，彼らが得意になった理由は，数学の規則を身につけて，それにしたがって問題を解けるようになったことと，数学は暗記科目と考えて，解法のパターンを身につけてしまうことのようです。

　この本は，「数学はちょっと……」という人にもわかりやすく，丁寧に基本事項を説明してあります。わかりにくい部分も明快に理解できるように細部にわたり工夫がされています。

　「数学って考えるでしょ。だから……」そうですね。少し考えます。でも解き方をある程度覚えてしまえば，心配することはありません。練習問題を使って解法のコツを飲み込めるように問題も厳選して出題していますから，無理なく解法のパターンを身につけられるようになっています。

　さあ，数学を得意科目にしたいのならば，実際に鉛筆を持って，この本に書き込んで学習を始めてみましょう。君たちの前に広がる数学の世界が少しでも身近になるように願っています。

監修　永見　利幸

もくじ

第1章　正負の数(1)
- 01 正の数と負の数
  符号のついた数 …… 006
- 02 負の数の大小比べ
  絶対値と数の大小 …… 008
- 03 負の数をふくむたし算
  正負の数の加法 …… 010
- 04 負の数をふくむひき算
  正負の数の減法 …… 012
- 05 たし算とひき算の混じった計算
  加減の混じった計算 …… 014
- 06 かっこのない式の計算
  かっこをはぶいた式の計算 …… 016
- 復習テスト
  第1章　正負の数(1) …… 018

第2章　正負の数(2)
- 07 負の数をふくむかけ算
  正負の数の乗法 …… 020
- 08 3つの数のかけ算
  3つの数の乗法 …… 022
- 09 ○乗の計算
  累乗 …… 024
- 10 負の数をふくむわり算
  正負の数の除法 …… 026
- 11 分数をふくむ正負の数のわり算
  分数をふくむ除法 …… 028
- 12 かけ算とわり算の混じった計算
  乗除の混じった計算 …… 030
- 13 いろいろな計算
  四則の混じった計算 …… 032
- 復習テスト
  第2章　正負の数(2) …… 034

第3章　文字と式
- 14 文字式とは？
  文字を使った式 …… 036
- 15 文字式の表し方①
  積の表し方 …… 038
- 16 文字式の表し方②
  商の表し方 …… 040
- 17 文字に数をあてはめよう
  式の値 …… 042
- 18 同じ文字をまとめよう
  文字の項をまとめる …… 044
- 19 文字式のたし算・ひき算
  1次式の加減 …… 046
- 20 文字式のかけ算・わり算
  1次式の乗除① …… 048
- 21 文字式のかっこのはずしかた
  1次式の乗除② …… 050
- 復習テスト
  第3章　文字と式 …… 052

第4章　方程式
- 22 方程式とは？
  等式と方程式 …… 054
- 23 等式の性質
  等式の性質 …… 056
- 24 方程式の解き方①
  方程式の解き方① …… 058
- 25 方程式の解き方②
  方程式の解き方② …… 060
- 26 いろいろな方程式
  いろいろな方程式 …… 062
- 27 方程式の文章題
  方程式の応用 …… 064
- 復習テスト
  第4章　方程式 …… 066

第5章　比例と反比例
- 28 比例とは？
  比例 …… 068
- 29 比例を表す式
  比例の式の求め方 …… 070
- 30 座標
  座標 …… 072
- 31 比例のグラフのかき方
  比例のグラフ① …… 074
- 32 比例のグラフのよみ方
  比例のグラフ② …… 076
- 33 反比例とは？
  反比例 …… 078
- 34 反比例を表す式
  反比例の式の求め方 …… 080
- 35 反比例のグラフのかき方
  反比例のグラフ① …… 082
- 36 反比例のグラフのよみ方
  反比例のグラフ② …… 084
- 復習テスト
  第5章　比例と反比例 …… 086

第6章　平面図形

- 37 **線対称な図形**
  線対称な図形 ……………… 088
- 38 **点対称な図形**
  点対称な図形 ……………… 090
- 39 **円とおうぎ形**
  円とおうぎ形 ……………… 092
- 40 **多角形とは？**
  多角形 ……………………… 094
- 41 **基本の作図①**
  垂線の作図 ………………… 096
- 42 **基本の作図②**
  垂直二等分線，角の二等分線の作図 … 098
- 43 **作図を利用した問題**
  作図の利用 ………………… 100
- 44 **円やおうぎ形の長さと面積**
  円とおうぎ形の計量 ……… 102
- **復習テスト**
  第6章　平面図形 ………… 104

第7章　空間図形

- 45 **いろいろな立体**
  いろいろな立体 …………… 106
- 46 **直線や平面の平行・垂直**
  直線や平面の位置関係 …… 108
- 47 **平面と平面の平行・垂直**
  平面と平面の位置関係 …… 110
- 48 **面を動かしてできる立体**
  面の動きと立体 …………… 112
- 49 **角柱・円柱の展開図**
  角柱・円柱の展開図 ……… 114
- 50 **角錐・円錐の展開図**
  角錐・円錐の展開図 ……… 116
- 51 **立体の表面積**
  立体の表面積 ……………… 118
- 52 **立体の体積**
  立体の体積 ………………… 120
- **復習テスト**
  第7章　空間図形 ………… 122

資料を見やすくまとめよう！ …… 124

- 1回分の学習は1見開き（2ページ）です。毎日少しずつ学習を進めましょう。
  - 左ページ … 書き込み式の解説ページです。
  - 右ページ … 書き込み式の練習問題です。左ページで学習した内容を確認・定着します。
- ステップアップコーナーでは，数学の勉強に役立つ情報がわかりやすく楽しく紹介されています。
- 章ごとに，これまでに学習した内容を確認するための「復習テスト」があります。
- 練習問題の解答は別冊です。

①読みながら穴埋めして，要点をまとめましょう。

・勉強する内容の要点です。

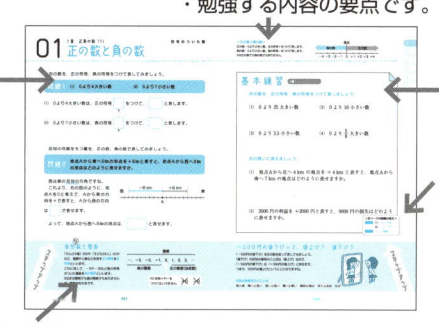

・楽しく役立つ情報満載です。
　時間があるときに，ぜひ読んでみてください。

②書き込みながら，問題を解きましょう。
　わからないときは，左ページに戻って考えてみましょう。

・左ページの答えはココです。

③別冊解答は，問題に答えを刷り込んであるので，とても見やすくなっています。
間違えた問題は解説をよく読んでやりなおし，確実にできるようにしておきましょう。

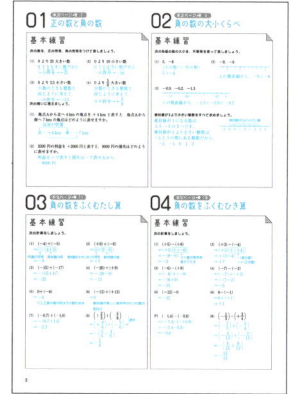

01 正の数と負の数

1章 正負の数(1) 　　　符号のついた数

次の数を，正の符号，負の符号をつけて表してみましょう。

問題1　(1)　0より4大きい数　　　(2)　0より7小さい数

(1)　0より4大きい数は，正の符号 ☐ をつけて，☐ と表します。
　　　　　　　　　　　　　　　↑
　　　　　　　　　　　　プラスと読む

(2)　0より7小さい数は，負の符号 ☐ をつけて，☐ と表します。
　　　　　　　　　　　　　　　↑
　　　　　　　　　　　マイナスと読む

反対の性質をもつ量を，正の数，負の数で表してみましょう。

問題2　地点Aから東へ6kmの地点を+6kmと表すと，地点Aから西へ8kmの地点はどのように表せますか。

西は東の反対の方角ですね。
これより，右の図のように，地点Aを0と考えて，Aから東の方向を+で表すと，Aから西の方向は ☐ で表せます。

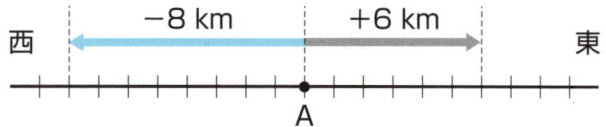

よって，地点Aから西へ8kmの地点は，☐ と表せます。

ステップアップ

自然数と整数

「りんご5個」の5や「子ども20人」の20など，個数や人数などを表す正の整数を自然数といいます。
これに対して，−3や−18など負の符号のついた整数を負の整数といいます。
0は正の整数でも負の整数でもありませんが，整数のなかまです。

整数
…, −3, −2, −1, 0, 1, 2, 3, …
負の整数　　　正の整数(自然数)

0に+や−の符号をつけてはいけません。

<正の数と負の数>

正の数…0より大きい数。正の符号＋をつけて表します。
負の数…0より小さい数。負の符号－をつけて表します。
0は正の数でも負の数でもありません。

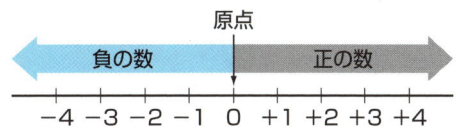

基本練習　→答えは別冊2ページ

次の数を，正の符号，負の符号をつけて表しましょう。

(1) 0より25大きい数

(2) 0より16小さい数

(3) 0より3.5小さい数

(4) 0より$\frac{5}{8}$大きい数

次の問いに答えましょう。

(1) 地点Aから北へ4kmの地点を＋4kmと表すと，地点Aから南へ7kmの地点はどのように表せますか。

(2) 2000円の利益を＋2000円と表すと，9000円の損失はどのように表せますか。

<左ページの問題の答え>
問題1 (1) ＋，＋4
　　　(2) －，－7
問題2 －，－8km

－500円の値下げって，値上げ？　値下げ？

「－500円の値下げ」を正の数を使って表してみましょう。
「値下げ」の反対の意味のことばは「値上げ」なので，
「－500円の値下げ」は「＋500円の値上げ」と表せます。
つまり，500円の値上げということになりますね。

反対の性質をもつことば
前と後　高いと低い　長いと短い　重いと軽い　増加と減少　収入と支出　など

02 負の数の大小比べ

1章　正負の数（1）　　絶対値と数の大小

負の数の大小の比べ方を考えてみましょう。

問題1　−3と−7の大小を不等号を使って表しましょう。

右の数直線上に，−3と−7を表す点を●で示してみましょう。

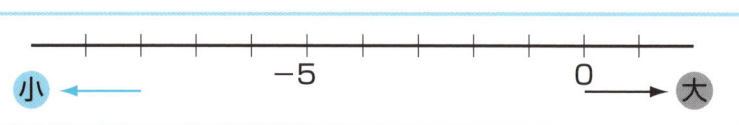

数直線上では，右にある数ほど [　]，[　] にある数ほど小さくなります。

よって，−3 [　] −7
　　　　　　↑
　　　　　不等号

数直線で，ある数に対応する点と原点との距離を，その数の**絶対値**といいます。

問題2　次の数の絶対値を答えましょう。
(1)　+4　　　　　(2)　−6

右の数直線上に，+4と−6を表す点を●で示してみましょう。

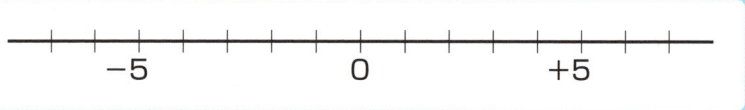

(1) +4に対応する点は，原点0からの距離が [　] なので，+4の絶対値は [　] です。

(2) −6に対応する点は，原点0からの距離が [　] なので，−6の絶対値は [　] です。

ステップアップ

絶対値はかんたんに求められる！

絶対値は，正の数，負の数から，その数の**符号をとりされば**つくれます。

┌符号をとる┐　　　┌符号をとる┐
+4の絶対値は　4　　−6の絶対値は　6

0の絶対値は0です。

<正負の数の大小>
数直線上では，右にある数ほど大きく，左にある数ほど小さくなります。

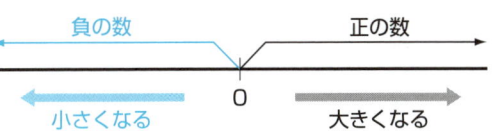

基本練習 →答えは別冊2ページ

次の各組の数の大小を，不等号を使って表しましょう。

(1) 5, −8

(2) −9, −6

(3) −0.9, −0.2, −1.3

絶対値が3より小さい整数をすべて求めましょう。

<左ページの問題の答え>
問題1
大きく，左，>
問題2 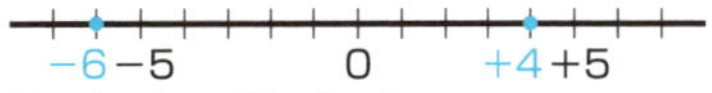
(1) 4, 4 (2) 6, 6

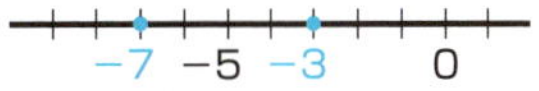

不等号はきちんと整列！

3つ以上の数の大小は，**不等号の向きをそろえて**表しましょう。

不等号の向きが
そろっていないと…

$-2 < +3 > -5$

−2と−5の大小が表せない！

不等号の向きが
そろっていれば…

$-5 < -2 < +3$

3つの数の大小が表せる！

ステップアップ

03　負の数をふくむたし算

1章　正負の数（1）　　　正負の数の加法

たし算のことを**加法**といい，その計算の結果を**和**といいます。
（負の数）＋（負の数）のような，同符号の2つの数の和の計算のしかたを考えてみましょう。

問題1　(－3)＋(－4)

同符号の2つの数の和は，**絶対値の和**に，**共通の符号**をつけて，

$(-3)+(-4)=\boxed{}(\boxed{})=\boxed{}$

と計算できます。

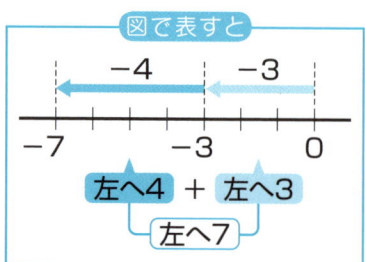

（正の数）＋（負の数）のような，異符号の2つの数の和の計算のしかたを考えてみましょう。

問題2　(＋2)＋(－5)

異符号の2つの数の和は，**絶対値の差**に，**絶対値の大きいほうの符号**をつけます。

$(+2)+(-5)=\boxed{}(\boxed{})=\boxed{}$

と計算できます。

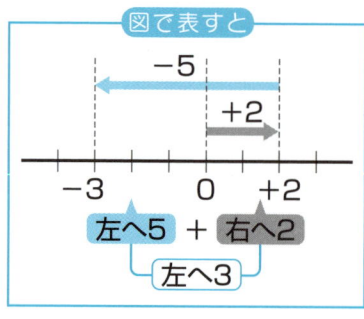

ステップアップ

たし算は，たす順を変えてもOK！

次の計算のきまりを使うと，かんたんに計算できることがあるのでベンリですよ。

■＋●＝●＋■　　加法の交換法則
例　(＋4)＋(－7)＝(－7)＋(＋4)

(■＋●)＋▲＝■＋(●＋▲)　　加法の結合法則
例　{(＋6)＋(－2)}＋(－5)＝(＋6)＋{(－2)＋(－5)}

<加法>
同符号の2つの数の和…絶対値の和に，共通の符号をつけます。
異符号の2つの数の和…絶対値の差に，絶対値の大きいほうの符号をつけます。

基本練習 → 答えは別冊2ページ

次の計算をしましょう。

(1) $(-4)+(-5)$

(2) $(+9)+(-6)$

(3) $(-15)+(-17)$

(4) $(-20)+(+9)$

(5) $0+(-6)$

(6) $(-13)+(+13)$

(7) $(-0.7)+(-1.6)$

(8) $\left(+\dfrac{2}{3}\right)+\left(-\dfrac{5}{6}\right)$

<左ページの問題の答え>
問題1 $-(3+4)=-7$
問題2 $-(5-2)=-3$

3つ以上の数の和

左の計算のきまりを利用して，**正の数どうしの和，負の数どうしの和**をそれぞれまとめます。

例 $(+3)+(-6)+(+5)+(-7)$
　　　　　↓ 入れかえてもよい！
　　$=(+3)+(+5)+(-6)+(-7)$
　　　　　　　　　　　別々にたしてもよい！
　　$=(+8)+(-13)=-5$

和が0になる2つの数の組を見つけたら，それを先にたすと，計算がかんたんになりますよ。

例 $(-17)+(-26)+(+17)$
　$=(-17)+(+17)+(-26)$
　$=0+(-26)$
　$=-26$

ステップアップ

04 負の数をふくむひき算

1章 正負の数（1）　　　正負の数の減法

ひき算のことを**減法**（げんぽう）といい，その計算の結果を**差**（さ）といいます。
（正の数）−（正の数）の計算のしかたを考えてみましょう。

問題1　（＋2）−（＋6）

正の数をひくことは，「**ひく正の数を負の数に変えてたす**」ことと同じです。

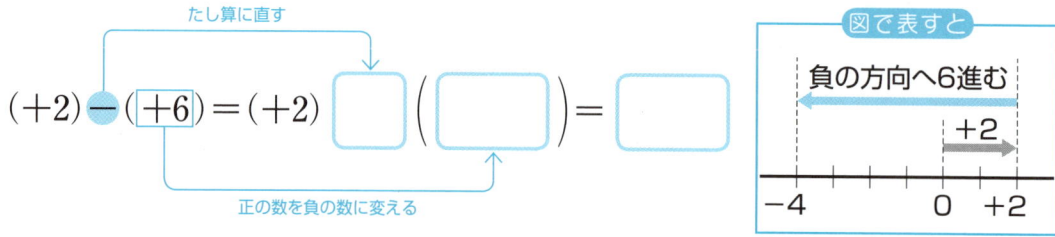

このように，ひき算をたし算に直せば，10ページのしかたと同じように計算できますね。

（負の数）−（負の数）の計算のしかたを考えてみましょう。

問題2　（−8）−（−3）

負の数をひくことは，正の数をひくときと同じように考えて，ひく負の数を□に変えてたします。

（−8）−（−3）＝（−8）□（□）＝□

と計算できます。

ステップアップ：「ひく」より「たす」

「＋1をひく」ことは「−1をたす」ことと同じです。また，「−1をひく」ことは「＋1をたす」ことと同じです。

−（＋■）→ ＋（−■）　符号が変化
−（−■）→ ＋（＋■）

<減法>
正の数，負の数をひくことは，ひく数の符号を変えてたすことと同じです。

$$-(+\blacksquare) = +(-\blacksquare), \quad -(-\bullet) = +(+\bullet)$$

基本練習 → 答えは別冊2ページ

次の計算をしましょう。

(1) $(+5)-(+8)$

(2) $(+3)-(-4)$

(3) $(-6)-(+9)$

(4) $(-7)-(-2)$

(5) $(-12)-0$

(6) $0-(-1)$

(7) $(-1.4)-(-0.8)$

(8) $\left(-\dfrac{1}{3}\right)-\left(+\dfrac{3}{4}\right)$

<左ページの問題の答え>
問題1　$(+2)+(-6)=-4$
問題2　正の数，
　　　　$(-8)+(+3)=-5$

0との減法

ある数から0をひくと，差はある数になります。

$(+\blacksquare)-0=+\blacksquare$　そのまま！

$(-\blacksquare)-0=-\blacksquare$　そのまま！

0からある数をひくと，差はある数の符号を変えた数になります。

$0-(+\bullet)=-\bullet$　変わった！

$0-(-\bullet)=+\bullet$　変わった！

ステップアップ

05 たし算とひき算の混じった計算

1章 正負の数（1） 　　加減の混じった計算

式の中の正の項，負の項の見つけ方を考えましょう。

問題1 （＋3）＋（－7）－（＋2）－（－8）の正の項，負の項を答えましょう。

上の式をパッと見て，正の項は＋3と＋2，負の項は－7と－8なんて答えてはダメですよ！
まず，この式を**加法だけの式**に直しましょう。

$$(+3)+(-7)-(+2)-(-8)=(+3)+(\boxed{})+(\boxed{})+(\boxed{})$$

これより，正の項は $\boxed{}$ ，$\boxed{}$ ，負の項は $\boxed{}$ ，$\boxed{}$ とわかります。

たし算とひき算の混じった計算をしてみましょう。

問題2 （＋3）＋（－7）－（＋2）－（－8）

$$(+3)+(-7)-(+2)-(-8)$$
$$=(+3)+(\boxed{})+(\boxed{})+(\boxed{})$$ ← 加法だけの式に直す。
$$=(+3)+(\boxed{})+(\boxed{})+(-2)$$ ← 正の項，負の項を集める。
$$=(\boxed{})+(\boxed{})$$ ← 正の項の和，負の項の和をそれぞれ求める。
$$=\boxed{}$$

ステップアップ

和が0になる2数を見つけたら？

加法だけの式に直したとき，**絶対値が同じで，符号が反対の2つの数**を見つけたら，先に計算しましょう。
2つの数の和が0になるので，計算がかんたんになりますよ。

例
$$(-9)-(+7)-(-9)$$
$$=(-9)+(-7)+(+9)$$
$$=(-9)+(+9)+(-7)$$
$$=0+(-7)$$
$$=-7$$

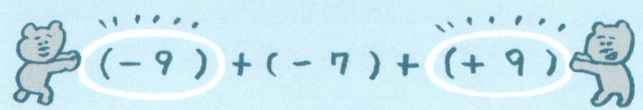

＜加法と減法の混じった計算＞
ひく数の符号を変えて，加法だけの式に直して計算します。

$(+5)+(-3)-(+4) = (+5)+(-3)+(-4)$

ひく数の符号を変えてたす
加法だけの式

基本練習　→答えは別冊3ページ

次の計算をしましょう。

(1) $(+2)+(-5)-(-7)$　　(2) $(+1)-(+3)+(-6)$

(3) $(+9)+(-8)-(+4)$　　(4) $(-10)-(-17)-(+13)$

(5) $(+3)+(-7)-(+9)-(-6)$　　(6) $(-5)-(+8)-(-12)-(+7)$

＜左ページの問題の答え＞
問題1　$(+3)+(-7)+(-2)+(+8)$
　　正の項は+3, +8　負の項は-7, -2
問題2　$(+3)+(-7)+(-2)+(+8)$
　　$=(+3)+(+8)+(-7)+(-2)$
　　$=(+11)+(-9)=+2$

小数や分数でも計算のしかたは同じ！

例　$(+1.2)-(+0.6)+(-0.9)$
　　$=(+1.2)+(-0.6)+(-0.9)$
　　$=(+1.2)+(-1.5)$
　　$=-0.3$

例　$\left(-\dfrac{1}{2}\right)-\left(-\dfrac{1}{4}\right)+\left(-\dfrac{1}{8}\right)$
　　$=\left(-\dfrac{1}{2}\right)+\left(+\dfrac{1}{4}\right)+\left(-\dfrac{1}{8}\right)$
　　$=\left(-\dfrac{4}{8}\right)+\left(+\dfrac{2}{8}\right)+\left(-\dfrac{1}{8}\right)$
　　$=\left(+\dfrac{2}{8}\right)+\left(-\dfrac{5}{8}\right)=-\dfrac{3}{8}$

ステップアップ

06 かっこのない式の計算

1章 正負の数（1）　　かっこをはぶいた式の計算

次のように，かっこと加法の記号＋をはぶいた式の計算をしてみましょう。

問題1　6－4＋5－9

左から順に計算することもできますが，この計算も正の項，負の項を集めてから計算すると，かんたんにできます。

6－4＋5－9　← はぶかれた（ ）や＋の記号を使って表すと，
　　　　　　　　　（＋6）＋（－4）＋（＋5）＋（－9）

= ☐ ☐ ☐ ☐
　正の項　　　負の項

= ☐ － ☐ = ☐

さあ，正負の数のたし算とひき算も最終段階ですよ。

問題2　13－（＋19）－16－（－17）

かっこと加法の記号＋をはぶいた式に直して計算してみましょう。

13－（＋19）－16－（－17）
= ☐　　　← かっこと加法の記号＋をはぶいた式に直す。
= ☐ － ☐ = ☐

ステップアップ

式をシンプルにすれば計算はか〜んたん！

加減の混じった計算は，かっこや加減の記号がたくさんあると難しく感じます。
そこで，式の中のかっこや加法の記号をはぶいて，シンプルな形に直してみましょう。ほら，かんたんな式になるでしょう。

（＋8）＋（－7）＋（＋5）＋（－9）　➡　8－7＋5－9
↑
式のはじめの＋の符号もはぶける。

かっこのはずし方

＋（＋■）＝＋■
＋（－■）＝－■
－（＋■）＝－■
－（－■）＝＋■

<かっこのない式の計算>
正の項，負の項を集めて，別々に計算します。

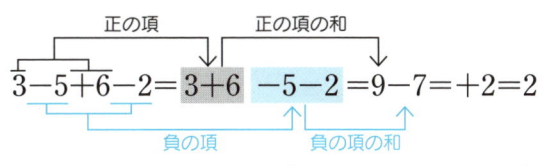

基本練習　→答えは別冊3ページ

次の計算をしましょう。

(1)　$8-2-3$

(2)　$-4+7-9$

(3)　$5-6-8+7$

(4)　$-11+29-24+14$

(5)　$-7-(-6)-4$

(6)　$-15-(-19)+11-(+18)$

<左ページの問題の答え>
問題1　$6+5-4-9=11-13=-2$
問題2　$13-19-16+17=30-35=-5$

入試問題にチャレンジ！

右の図の9つのマスに数を1つずつ入れ，縦，横，斜め，それぞれの3つの数の和が6になるようにします。
このとき，あいているところにあてはまる数を入れ，表を完成させましょう。
〈岩手県・改題〉

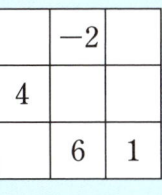

〈答〉

ステップアップ

復習テスト

1章　正負の数(1)

1 次の数を，正の符号，負の符号を使って表しましょう。　【各4点 計8点】

(1) 0より13大きい数　　　　(2) 0より27小さい数

2 次の問いに答えましょう。　【各5点 計10点】

(1) 現在から5分後を +5分と表すと，現在から20分前はどのように表せますか。

(2) 「10 kg の減少」を「増加」ということばを使って表しましょう。

3 次の数に対応する点を，下の数直線にかきましょう。　【各3点 計12点】

(1) +7　　　(2) −4　　　(3) +2.5　　　(4) $-\dfrac{13}{2}$

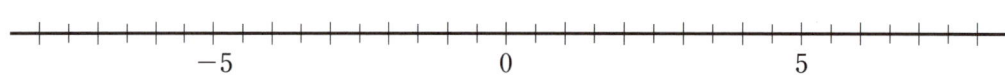

4 次の各組の数の大小を，不等号を使って表しましょう。　【各5点 計10点】

(1) −12, −15　　　　(2) +7, −8, −7.5

5 次の数を求めましょう。　【各5点 計10点】

(1) 絶対値が9になる数　　　(2) 絶対値が4より小さい整数

6 次の計算をしましょう。 【各5点 計30点】

(1) $(-3)+(-5)$

(2) $(+9)+(-4)$

(3) $(-6)+(+2)$

(4) $(-1)-(+7)$

(5) $(-8)-(-3)$

(6) $0-(-10)$

7 次の計算をしましょう。 【各5点 計20点】

(1) $(-9)+(+2)-(-5)$

(2) $(-3)-(-8)-(+6)$

(3) $11-17+14-13$

(4) $-7-(-6)+9+(-8)$

＋や－は方向を表す！

＋，－は，何を示しているものかを考えてみましょう。
数直線上で，正負の符号＋，－は，0を基準として，
- ＋→右方向にある数
- －→左方向にある数

を表します。

また，加法・減法の記号＋，－は，
- ＋→右方向に進むこと
- －→左方向に進むこと

を表します。

このように，＋，－は，数に方向性をあたえてくれるものなのです。

〔＋4と－4〕

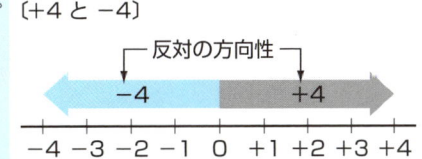

〔＋2－5の計算〕

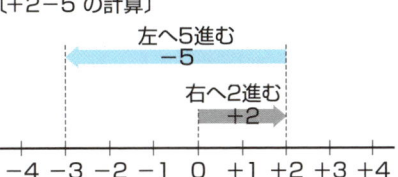

ステップアップ

07 負の数をふくむかけ算

2章 正負の数（2）　　　正負の数の乗法

かけ算のことを**乗法**といい，その計算の結果を**積**といいます。
同符号の2つの数の積の計算のしかたを考えてみましょう。

問題1　（－3）×（－5）

同符号の2つの数の積は，**絶対値の積**に，**正の符号**をつけて，

$$(-3) \times (-5) = \boxed{} \left(\boxed{} \right) = \boxed{}$$

と計算できます。
　同じように，（正の数）×（正の数）の積も，絶対値の積に，正の符号をつけます。

　次は，異符号の2つの数の積の計算のしかたを考えてみましょう。

問題2　（－4）×（＋7）

異符号の2つの数の積は，**絶対値の積**に，**負の符号**をつけて，

$$(-4) \times (+7) = \boxed{} \left(\boxed{} \right) = \boxed{}$$

と計算できます。
　同じように，（正の数）×（負の数）の積も，絶対値の積に，負の符号をつけます。

0や1，－1との積

- どんな数に0をかけても，また，0にどんな数をかけても積は0になります。　　■×0＝0　　0×■＝0
- どんな数に1をかけても，また，1にどんな数をかけても積はもとの数になります。　　●×1＝●　　1×●＝●
- ある数と－1との積，または，－1とある数との積は，ある数の符号を変えた数になります。　　■×（－1）＝－■　　（－1）×■＝－■

<2つの数の乗法>
同符号の2つの数の積…絶対値の積に，正の符号＋をつけます。
異符号の2つの数の積…絶対値の積に，負の符号－をつけます。

```
積の符号
（＋）×（＋）→（＋），（－）×（－）→（＋）
（＋）×（－）→（－），（－）×（＋）→（－）
```

基本練習　→答えは別冊3ページ

次の計算をしましょう。

(1) $(+2) \times (+6)$

(2) $(-9) \times (+4)$

(3) $(+8) \times (-3)$

(4) $(-7) \times (-5)$

(5) $6 \times (-3)$

(6) -8×7

(7) $-2.5 \times (-0.8)$

(8) $\left(+\dfrac{3}{4}\right) \times \left(-\dfrac{2}{5}\right)$

<左ページの問題の答え>
問題1　＋(3×5)＝＋15(＝15)
問題2　－(4×7)＝－28

負の数をかけるということは？

□×(－■)は，「□の数の符号を反対にして■をかける」ということです。
これより，
□の数が＋ならば＋の反対の－にして■をかけるので，
　(＋)×(－)→(－)×(＋)…積の符号は－

□の数が－ならば－の反対の＋にして■をかけるので，
　(－)×(－)→(＋)×(＋)…積の符号は＋

08 3つの数のかけ算

2章 正負の数（2）　　3つの数の乗法

負の数をふくむ3つの数のかけ算のしかたを考えてみましょう。
まず，積の符号を決めてしまいます。

いくつかの数の積を求めるかけ算では，積の符号は，

負の数の個数が 偶数個（2, 4, 6, …）であれば ＋
　　　　　　　奇数個（1, 3, 5, …）であれば －　となります。

問題1　$(-4) \times (+5) \times (-6)$

負の数が2個だから，積の符号は □ ，3つの数の絶対値の積を求めて，

$(-4) \times (+5) \times (-6) = \boxed{}\left(\boxed{}\right) = \boxed{}$

と計算できます。

問題2　$3 \times (-2) \times 7$

これも同じように，積の符号を決めてから，3つの数の絶対値の積を求めて，

$3 \times (-2) \times 7 = \boxed{}\left(\boxed{}\right) = \boxed{}$

と計算できます。

ステップアップ　かけ算は，かける順を変えてもOK！

次の計算のきまりを使って，計算の順をくふうすると，かんたんに計算できることがあります。

■×●＝●×■
乗法の交換法則

(■×●)×▲＝■×(●×▲)
乗法の結合法則

例　$(-4) \times (-17) \times (+25)$　　入れかえてもOK！
　　$= (-4) \times (+25) \times (-17)$　交換法則
　　$= (-4) \times (+25) \times (-17)$
　　$= (-100) \times (-17)$
　　$= 1700$

<3つの数の乗法>
まず、式の中の負の数の個数に着目して、積の符号を決めます。
次に3つの数の絶対値の積を計算します。

> 積の符号は、負の数が
> **偶数個→＋，奇数個→－**

基本練習　→ 答えは別冊4ページ

次の計算をしましょう。

(1) $(-2) \times (-4) \times (+9)$

(2) $(+5) \times (+6) \times (-3)$

(3) $(-3) \times (-7) \times (-4)$

(4) $8 \times (-2) \times (-6)$

(5) $5 \times (-0.4) \times 7$

(6) $1.5 \times (-10) \times (-0.8)$

(7) $(-4) \times \left(+\dfrac{5}{8}\right) \times (-6)$

(8) $\left(-\dfrac{1}{6}\right) \times (-18) \times \left(-\dfrac{5}{3}\right)$

<左ページの問題の答え>
問題1　＋，＋(4×5×6)＝＋120(＝120)
問題2　－(3×2×7)＝－42

4つ以上の数のかけ算

3つの数のかけ算と同じように計算できます。

例　$(-2) \times (+3) \times (-4) \times (-5)$
　　　負の数が3個→奇数個
　＝ －(2×3×4×5)
　　　　絶対値の積
　＝ －120

クイズ
－1を50回かけるといくつかな？
負の数を50回、つまり、偶数個かけるから、
積の符号は＋
1は何回かけても1だから、絶対値の積は1
つまり、－1を50回かけると1になりますね。

ステップアップ

09 ○乗の計算

2章 正負の数（2）　　　累乗

同じ数をいくつかかけたものを，その数の**累乗**といい，かけあわせる個数を示す右かたの小さな数を**指数**といいます。次のかけ算を，累乗の指数を使って表してみましょう。

$2 \times 2 \times 2 = 2^3 \leftarrow$ 指数
読み方　2の3乗

問題1　(1) 5×5　　(2) $(-3) \times (-3) \times (-3) \times (-3)$

(1) $5 \times 5 =$ □ と表し，5の □ と読みます。

(2) $(-3) \times (-3) \times (-3) \times (-3) =$ □ と表し，□ と読みます。

次は累乗の計算をしてみましょう。

問題2　(1) 5^3　　(2) $(-2)^5$

(1) 5^3 は，5を □ 個かけあわせたものだから，

$5^3 =$ □ $\times$ □ $\times$ □ $=$ □

(2) $(-2)^5$ は，□ を □ 個かけあわせたものだから，

$(-2)^5 =$ □ $=$ □

負の数の個数で，積の符号を決める。

ステップアップ

$(-5)^2$ と -5^2 は，そっくりだけどちがう数

指数の2が(-5)についている
$(-5)^2$ は-5を2個かけあわせた数
$(-5)^2 = (-5) \times (-5) = +(5 \times 5) = 25$

指数の2が5についている
-5^2 は5を2個かけあわせた数に$-$をつけた数
$-5^2 = -(5 \times 5) = -25$

そっくりだけどちがうのよ！

<累乗の計算>

■●の計算は，■を●個かけあわせます。

$(-■)^2 = (-■) \times (-■)$ ← 2つの計算の
$-■^2 = -(■ \times ■)$ ← ちがいに注意！

基本練習 → 答えは別冊4ページ

次の計算をしましょう。

(1) 7^2

(2) 3^4

(3) $(-3)^2$

(4) $(-5)^3$

(5) -2^4

(6) -4^3

(7) $\left(\dfrac{1}{6}\right)^2$

(8) $\left(-\dfrac{2}{3}\right)^3$

<左ページの問題の答え>
問題1 (1) 5^2，2乗　(2) $(-3)^4$，-3の4乗
問題2 (1) 3，$5 \times 5 \times 5 = 125$
　　　(2) -2，5，$(-2) \times (-2) \times (-2) \times (-2) \times (-2) = -32$

まずはじめに，累乗の計算！

累乗とかけ算の混じった計算では，**はじめに累乗の部分**を計算し，**次にかけ算**の計算をしましょう。

例 累乗の部分を先に計算！
$(-3)^2 \times 5 = 9 \times 5 = 45$
　　　　　　　　かけ算

例 累乗の部分
$2^2 \times (-2)^3 = 4 \times (-8) = -32$
　　　　　累乗の部分

10 負の数をふくむわり算

2章 正負の数（2）　　正負の数の除法

わり算のことを**除法**といい，その計算の結果を**商**といいます。
20ページで，同符号の2つの数の積の符号は＋，異符号の2つの数の積の符号は－であることを学習しましたね。
2つの数の商の符号についても，2つの数の積の符号と同じことがいえます。

問題1　$(-18) \div (-3)$

同符号の2つの数の商は，絶対値の商に，☐の符号をつけて，
↑
同符号の2つの数の積と同じ

$(-18) \div (-3) = $ ☐ (☐) $= $ ☐

と計算できます。

問題2　$(-20) \div (+4)$

異符号の2つの数の商は，絶対値の商に，☐の符号をつけて，
↑
異符号の2つの数の積と同じ

$(-20) \div (+4) = $ ☐ (☐) $= $ ☐

と計算できます。

以上から，2つの数の商の符号について，まとめてみましょう。

$(+) \div (+) \cdots$ ☐　　$(+) \div (-) \cdots$ ☐　　$(-) \div (+) \cdots$ ☐　　$(-) \div (-) \cdots$ ☐

0との除法

ステップアップ

0を正の数でわっても，負の数でわっても商は0になります。　$0 \div ■ = 0$

また，どんな数も0でわることはできないので，0でわる除法は考えません。

では，なぜ0でわることはできないのでしょう？
仮に，●÷0＝☐（●は0でない数）とします。この式をかけ算の式に変形すると，0×☐＝●ですね。
ところが，0×☐＝0なので，●は0となってしまいます。だから，0でわることはできないのです。

<2つの数の除法>
同符号の2つの数の商…絶対値の商に，正の符号＋をつけます。
異符号の2つの数の商…絶対値の商に，負の符号－をつけます。

商の符号
$\begin{pmatrix}(+)÷(+)\\(-)÷(-)\end{pmatrix} → +$ $\begin{pmatrix}(+)÷(-)\\(-)÷(+)\end{pmatrix} → -$

基本練習　→ 答えは別冊4ページ

次の計算をしましょう。

(1)　$(+40)÷(+5)$

(2)　$(+28)÷(-7)$

(3)　$(-42)÷(-6)$

(4)　$(-45)÷(+9)$

(5)　$60÷(-4)$

(6)　$(-72)÷3$

(7)　$(-1.8)÷(-0.2)$

(8)　$7÷(-0.5)$

<左ページの問題の答え>
問題1　正(＋)，＋(18÷3)＝＋6(＝6)
問題2　負(－)，－(20÷4)＝－5
　　　(＋)÷(＋)…＋，(＋)÷(－)…－，(－)÷(＋)…－，(－)÷(－)…＋

わり切れなくてもあわてずに！

わり算の商は，整数や小数になるとは限りません。こんなときは，分数がベンリですね。
たとえば，$20÷(-45)=-0.444…$となり，わり切れません。
そこで分数で表すと，

$20÷(-45)=\dfrac{20}{-45}=-\dfrac{20}{45}=-\dfrac{4}{9}$

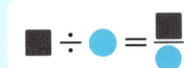  

ステップアップ

11 分数をふくむ正負の数のわり算

2章 正負の数（2） 分数をふくむ除法

2つの数の積が1であるとき，一方の数を他方の数の**逆数**といいます。
次の数の逆数を求めてみましょう。

問題1 (1) $\dfrac{2}{3}$ の逆数   (2) $-\dfrac{7}{4}$ の逆数

(1) $\dfrac{2}{3} \times \boxed{} = 1$ だから，$\dfrac{2}{3}$ の逆数は $\boxed{}$ になります。

(2) $\left(-\dfrac{7}{4}\right) \times \left(\boxed{}\right) = 1$ だから，$-\dfrac{7}{4}$ の逆数は $\boxed{}$ になります。

このように，分数の逆数は，**符号はそのままにして**，もとの分数の分母と分子を入れかえた数になります。

正の数の逆数は正の数，負の数の逆数は負の数です。
符号まで逆にしないように注意しましょう。

それでは，(分数)÷(分数)の計算のしかたを考えてみましょう。

問題2 $\dfrac{5}{8} \div \left(-\dfrac{3}{4}\right)$

分数でわる計算は，わる数の $\boxed{}$ をかけて，わり算をかけ算に直します。

$\dfrac{5}{8} \div \left(-\dfrac{3}{4}\right) = \dfrac{5}{8}\boxed{}\left(\boxed{}\right) = \boxed{}\left(\boxed{}\right) = \boxed{}$

わり算→かけ算
逆数
約分して答える。

ステップアップ

整数や小数の逆数はどうなるの？

分数でない数の逆数を考えるときは，まず，その数を **分数に直してから** 考えるとかんたんです。

● −3の逆数は？
$-3 = -\dfrac{3}{1} \rightarrow -\dfrac{1}{3}$

● 0.7の逆数は？
$0.7 = \dfrac{7}{10} \rightarrow \dfrac{10}{7}$

<分数をふくむ除法>
正負の数でわる計算は，わる数を逆数にして，除法を乗法に直して計算します。

$$\underline{\frac{4}{5} \div \left(-\frac{2}{3}\right)} = \underline{\frac{4}{5} \times \left(-\frac{3}{2}\right)}$$

わる数の逆数をかける

基本練習　→答えは別冊4ページ

次の計算をしましょう。

(1) $\left(-\dfrac{2}{3}\right) \div \dfrac{1}{4}$

(2) $\left(-\dfrac{4}{9}\right) \div \left(-\dfrac{5}{6}\right)$

(3) $\dfrac{8}{15} \div \left(-\dfrac{4}{5}\right)$

(4) $-\dfrac{9}{20} \div \dfrac{3}{8}$

(5) $(-9) \div \dfrac{3}{5}$

(6) $-28 \div \left(-\dfrac{8}{7}\right)$

<左ページの問題の答え>
問題1　(1) $\dfrac{3}{2}$, $\dfrac{3}{2}$　(2) $-\dfrac{4}{7}$, $-\dfrac{4}{7}$
問題2　逆数, $\dfrac{5}{8} \times \left(-\dfrac{4}{3}\right) = -\left(\dfrac{5}{8} \times \dfrac{4}{3}\right) = -\dfrac{5}{6}$

÷(整数)も，×(逆数)に直せる！

整数でわるわり算は，その整数の **逆数をかけるかけ算** として計算できます。
とにかく，わり算はかけ算に直せるということですね。

例　$\dfrac{3}{4} \div (-6) = \dfrac{3}{4} \times \left(-\dfrac{1}{6}\right) = -\left(\dfrac{3}{4} \times \dfrac{\overset{1}{6}}{\underset{2}{6}}\right) = -\dfrac{1}{8}$

わり算→かけ算

ステップアップ

12 かけ算とわり算の混じった計算

2章 正負の数（2）　　乗除の混じった計算

たし算とひき算の混じった式は，たし算だけの式に直して計算しましたね。
同じように，かけ算とわり算の混じった式は，かけ算だけの式に直して計算します。

問題1　$(-20) \times 9 \div (-12)$

逆数を使って，わり算の部分をかけ算にして，**かけ算だけの式に直します。**

$(-20) \times 9 \div (-12) = (-20) \times \boxed{}$　← 3つの数のかけ算

$= \boxed{} \left(\boxed{} \right)$

$= \boxed{}$

積の符号→負の数の個数　｛偶数個…＋　奇数個…－｝

問題2　$\dfrac{3}{4} \div \left(-\dfrac{7}{8}\right) \times \dfrac{5}{6}$

$\dfrac{3}{4} \div \left(-\dfrac{7}{8}\right) \times \dfrac{5}{6} = \boxed{} = \boxed{} \left(\boxed{} \right)$

↑ かけ算だけの式に直す。　↑ 符号を決める。　↑ 絶対値の積を計算

$= \boxed{}$

ステップアップ

わり算がある式の計算の順は変えられるの？

かけ算とわり算の混じった計算は，**左から順に**計算します。
この計算の順序を変えることはできません。
一方，22ページで学習したように，かけ算だけの式は，どの2数から計算することもできるので，便利ですね。

正　$12 \div (-3) \times 2 = (-4) \times 2 = -8$

誤　$12 \div (-3) \times 2 = 12 \div (-6) = -2$

<乗法と除法の混じった計算の手順>
① わる数の逆数を使って，乗法だけの式に直します。
② 式の中の負の数の個数に着目して，積の符号を決めます。
③ 絶対値の積を計算します。このとき，計算の途中で約分できるときは約分します。

基本練習 →答えは別冊5ページ

次の計算をしましょう。

(1) $6 \div (-14) \times 7$

(2) $(-30) \div (-8) \div (-9)$

(3) $\left(-\dfrac{1}{6}\right) \times 4 \div \left(-\dfrac{8}{9}\right)$

(4) $15 \div \dfrac{4}{5} \times \left(-\dfrac{8}{3}\right)$

(5) $\dfrac{2}{5} \times \left(-\dfrac{1}{3}\right) \div \left(-\dfrac{4}{9}\right)$

(6) $\left(-\dfrac{9}{10}\right) \div \left(-\dfrac{3}{7}\right) \div \left(-\dfrac{7}{5}\right)$

<左ページの問題の答え>
問題1 $(-20) \times 9 \times \left(-\dfrac{1}{12}\right) = +\left(\dfrac{5}{20} \times \dfrac{3}{9} \times \dfrac{1}{12}\right) = 15$

問題2 $\dfrac{3}{4} \times \left(-\dfrac{8}{7}\right) \times \dfrac{5}{6} = -\left(\dfrac{3}{4} \times \dfrac{8}{7} \times \dfrac{5}{6}\right) = -\dfrac{5}{7}$

小数は分数に直して計算！

式の中に小数がある場合は，まず，小数を分数に直します。

例 $\dfrac{4}{5} \div (-0.3) \div \dfrac{2}{9} = \dfrac{4}{5} \div \left(-\dfrac{3}{10}\right) \div \dfrac{2}{9} = \dfrac{4}{5} \times \left(-\dfrac{10}{3}\right) \times \dfrac{9}{2} = -\left(\dfrac{4}{5} \times \dfrac{10}{3} \times \dfrac{9}{2}\right)$
$= -12$

（小数を分数に直す／かけ算だけの式に直す）

13 いろいろな計算

2章 正負の数（2） 　　四則の混じった計算

正負の数のたし算，ひき算，かけ算，わり算の総まとめです。
最後に，これら4つの計算が混じった式の計算のしかたを考えてみましょう。

問題1　$9×(-2)+(-6)÷(-3)$

たし算とひき算，かけ算とわり算の混じった式では，**かけ算とわり算を先に計算**します。

$9×(-2)+(-6)÷(-3)$　←9×(-2)と(-6)÷(-3)をそれぞれひとまとまりとみて，先に計算する。

$= \boxed{} + (\boxed{})$

$= \boxed{}$

左から順に計算してはダメ！
$9×(-2)+(-6)÷(-3)$
$=(-18)+(-6)÷(-3)$
$=(-24)÷(-3)$
$=8$

問題2　$7+(2-5)×2^2$

かっこや累乗のある式では，**かっこの中や累乗を先に計算**します。

$7+(2-5)×2^2$
$=7+(\boxed{})×4$　　まず，かっこの中と累乗を計算する。
$=7+(\boxed{})$　　次に，かけ算の部分を計算する。
$=\boxed{}$　　最後に，たし算の部分を計算する。

分配法則

正負の数についても，次の計算のきまりが成り立ちます。

$(■+●)×▲=■×▲+●×▲$
$(■-●)×▲=■×▲-●×▲$

<四則の混じった計算>

加法，減法，乗法，除法をまとめて四則といいます。
四則の混じった計算では，計算の順序に注意しましょう。

かっこ・累乗 ➡ 乗除 ➡ 加減

基本練習 →答えは別冊5ページ

次の計算をしましょう。

(1) $7+8\times(-3)$

(2) $4-12\div 2-3$

(3) $(-7)\times 2-5\times(-4)$

(4) $30\div 5+(-24)\div 3$

(5) $28\div(2-9)$

(6) $(-6)\times(9-5\times 2)$

(7) $6-(-3)\times 6-(-5)^2$

(8) $8-(5-3^2)\times(-2)$

<左ページの問題の答え>
問題1 $-18+(+2)=-16$
問題2 $7+(-3)\times 4=7+(-12)=-5$

くふうすると計算がかんたんに！

例 $\left(\dfrac{5}{6}+\dfrac{7}{9}\right)\times(-36)$ ── (■+●)×▲=■×▲+●×▲
$=\dfrac{5}{6}\times(-36)+\dfrac{7}{9}\times(-36)$ ←
$=(-30)+(-28)$ ← 分数が消えた！
$=-58$

例 $27\times(-19)+73\times(-19)$ ── ■×▲+●×▲=(■+●)×▲
$=(27+73)\times(-19)$ ←
$=100\times(-19)$ ← 和が100になった！
$=-1900$

ステップアップ

復習テスト

答えは別冊 5 ページ

得点 /100点

2章　正負の数（２）

1 次の計算をしましょう。　【各4点　計16点】

(1) $(-5) \times (-4)$

(2) $(+3) \times (-9)$

(3) $(-6) \times 70$

(4) $\left(-\dfrac{4}{7}\right) \times (-1)$

2 次の計算をしましょう。　【各5点　計20点】

(1) $(-2) \times (-9) \times (-5)$

(2) $(-8) \times \dfrac{7}{12} \times (-6)$

(3) $(-4)^3$

(4) $-3^2 \times (-2)$

3 次の計算をしましょう。　【各4点　計24点】

(1) $(-32) \div (+4)$

(2) $(-54) \div (-9)$

(3) $(-12) \div 0.5$

(4) $24 \div \left(-\dfrac{3}{4}\right)$

(5) $\left(-\dfrac{8}{9}\right) \div \left(-\dfrac{2}{3}\right)$

(6) $\left(-\dfrac{6}{35}\right) \div \dfrac{4}{7}$

4 次の計算をしましょう。 【各5点 計20点】

(1) $3 \times (-8) \div 6$

(2) $(-90) \div 5 \div (-3)$

(3) $20 \div \left(-\dfrac{4}{9}\right) \times \dfrac{1}{3}$

(4) $\left(-\dfrac{3}{2}\right) \div \left(-\dfrac{5}{8}\right) \div \left(-\dfrac{6}{5}\right)$

5 次の計算をしましょう。 【各5点 計20点】

(1) $3 \times (-4) - 8 \div (-2)$

(2) $(-2)^3 - (-3) \times 3$

(3) $-6 - (3-7) \times 5$

(4) $30 \div (2 \times 3 - 3^2)$

推理してみよう！

2つの数■と●があって，■×●＜0，■－●＜0のとき，この2つの数の正負を推理してみましょう！

まず，■×●＜0 から，積の符号は－なので，■と●は異符号であることがわかりますね。
そこで，次の2つの場合に分けて，もう1つの式■－●の符号を考えてみましょう。

■－●の符号は？
- ■が＋，●が－のとき…正の数－負の数＝正の数＋正の数＝**正の数**
- ■が－，●が＋のとき…負の数－正の数＝負の数＋負の数＝**負の数**

↑ 減法を加法に直すことがポイント

■－●＜0 となるのは，■が－，●が＋のときであることがわかります。
これより，■は負の数，●は正の数であると推理できましたね。

ステップアップ

14 文字式とは？

3章 文字と式　　　　　　　　　　　　　　　　文字を使った式

　小学校で学習した□や○などを使った式を覚えていますか？　中学では，□や○のかわりに，a，b，x，yなどの文字を使って式を表します。

　このように，文字を使った式を**文字式**といいます。では，次の数量を文字を使った式で表してみましょう。コツは，まずことばの式をつくることですよ。

問題1　1個40円のみかんをx個買ったときの代金

みかんの代金は，1個のねだん×個数　です。
　　　　　　　　　　　（ことばの式）

このことばの式に，数と文字をあてはめると，みかんの代金は，□×□

（円）と表せます。

1個のねだん　　個数

問題2　長さamのリボンを6等分したときの1本分の長さ

1本分の長さは，リボン全体の長さ÷本数　です。

これより，1本分の長さは，□（m）と表せます。

問題3　周の長さが18cmで，縦の長さが$b$cmの長方形の横の長さ

長方形の周の長さは，（縦の長さ＋横の長さ）×2　です。

これより，縦の長さ＋横の長さ　は，周の長さの半分で，□cmになります。

よって，横の長さは，□（cm）と表せます。

ステップアップ

2つの文字を使った表し方

50円切手と，80円切手をそれぞれ何枚かずつ買ったときの代金の合計は，どのように表したらよいでしょう？　50円切手の枚数と80円切手の枚数は，同じ数とはかぎらないので，それぞれの枚数を別々の文字を使って表さなければいけません。そこで，50円切手の枚数をx枚，80円切手の枚数をy枚とすると……

　　50円切手をx枚，　80円切手をy枚買ったときの代金の合計
　　　　⋮　　　　　　　⋮　　　　　　　　　　⋮
　　　$50×x$　　　　　$80×y$　　　　　　$50×x＋80×y$（円）

<文字を使った式で表す>
文章中の数量をことばの式で表し，そのことばの式に文字や数をあてはめます。

$$\underbrace{1本50円の鉛筆x本}_{50 \times x} + \underbrace{400円のペンケース1個の代金}_{400} \quad (円)$$

基本練習 →答えは別冊5ページ

次の数量を文字を使った式で表しましょう。

(1) 男子 20 人，女子 n 人の学級の全体の人数

(2) 1 個 a g のボール 9 個の重さ

(3) 周の長さが b cm の正方形の 1 辺の長さ

(4) 1 冊 200 円のノートを x 冊買って，1000 円出したときのおつり

<左ページの問題の答え>
問題1 $40 \times x$　問題2 $a \div 6$
問題3 9, $9-b$

計算のきまりを文字を使って表してみよう！

正負の数で学習した計算のきまりは，文字を使って表すことができます。

	たし算のきまり	かけ算のきまり
交換法則	$a+b=b+a$	$a \times b = b \times a$
結合法則	$(a+b)+c=a+(b+c)$	$(a \times b) \times c = a \times (b \times c)$

分配法則　$(a+b) \times c = a \times c + b \times c$　$(a-b) \times c = a \times c - b \times c$

ステップアップ

15 文字式の表し方①

3章 文字と式

積の表し方

文字式は、きまりにしたがって、×や÷の記号をはぶいて表すことができます。
×や÷の記号がなくなると、式がシンプルになって見やすくなりますよ。
では、次の式を文字式の表し方にしたがって表してみましょう。

問題1 (1) $x \times y \times z$　　(2) $b \times (-3) \times a$

(1) 文字を使ったかけ算では、かけ算の<u>記号×をはぶいて</u>、

$x \times y \times z = \boxed{}$

と表します。

(2) 数と文字の積では、<u>数を文字の前に書き</u>、

$b \times (-3) \times a = \boxed{}$　← 文字の積は、ふつう、アルファベット順に書く。

と表します。

次は、1や−1と文字との積の表し方について考えてみましょう。

問題2 (1) $m \times 1$　　(2) $(-1) \times y \times x$

(1) 1と文字との積では、1をはぶいて、$m \times 1 = \boxed{}$ と表します。

(2) −1と文字との積では、1は、はぶきますが、<u>−の符号は、はぶけません</u>。

$(-1) \times y \times x = \boxed{}$ と表します。

ステップアップ

式にかっこがついたら？

かっこのついた式の計算では、かっこをひとまとまりのものと考えます。

ひとまとまりとみて、
1つの文字と考える。

例 $(a+b) \times (-5) = -5(a+b)$
　　　　　　　　　数は文字の前

$(a+b) \times (-5) = a-5b$ としてはダメ

ひとまとまり！

<積の表し方>
① かけ算の記号×ははぶく。
② 文字と数の積では，数を文字の前に書く。

はぶく！ 数は文字の前に！
$a \times b \times 5 = 5ab$

基本練習 → 答えは別冊6ページ

次の式を，文字式の表し方にしたがって表しましょう。

(1) $x \times a$

(2) $y \times x \times 5$

(3) $m \times (-8) \times n$

(4) $y \times z \times 1 \times x$

(5) $b \times (-1) \times a$

(6) $y \times 0.1 \times z$

(7) $a \times 4 - 9$

(8) $m \times (-6) + 2 \times n$

<左ページの問題の答え>
問題1 (1) xyz (2) $-3ab$
問題2 (1) m (2) $-xy$

同じ文字がかけあわせられていたら？

同じ文字の積は，**累乗の指数** を使って表します。

例 $\underbrace{a \times a \times a}_{aが3個 \to 指数は3} = a^3$

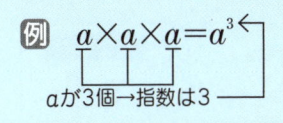

$a \times a \times a = aaa$ とは表さないよ。

例 $\underbrace{x \times x}_{xが2個} \times \underbrace{y \times y \times y}_{yが3個} = x^2y^3$

$5 \times 5 \times 5 = 5^3$ と同じことですね。

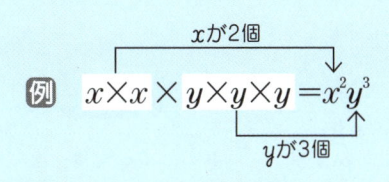

ステップアップ

16 文字式の表し方②

3章 文字と式
商の表し方

文字式のわり算は、記号÷をはぶいて分数の形で表すことができます。
次の式を、文字式の表し方にしたがって表してみましょう。

問題1　(1) $a \div 7$　　　(2) $(-9) \div m$

(1) 文字を使ったわり算では、わり算の**記号÷は使わないで、分数の形**で、

$a \div 7 = \boxed{}$ と表します。

(2) わり算を分数の形にしたときは、−の符号は分数の前に書き、

$(-9) \div m = \boxed{}$ と表します。

次は、かけ算とわり算の混じった式ですよ。

問題2　$x \div 3 \times y$

左から順に、×や÷の記号をはぶいていきます。

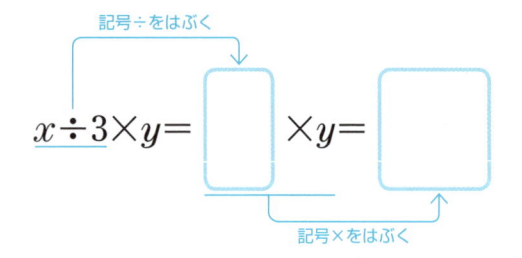

記号÷をはぶく
$x \div 3 \times y = \boxed{} \times y = \boxed{}$
記号×をはぶく

×の記号を先にはぶいてはいけません！
$x \div 3 \times y = x \div 3y = \dfrac{x}{3y}$

ステップアップ

かくれている×, ÷をさがせ！

次のような記号×, ÷がはぶかれている式を、×や÷を使って表してみましょう。

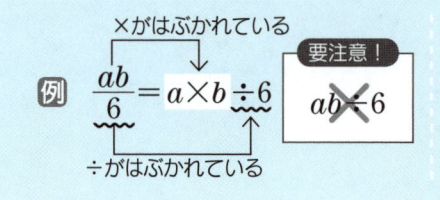

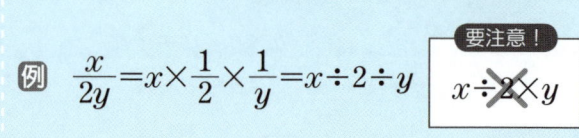

×がはぶかれている
例 $\dfrac{ab}{6} = a \times b \div 6$　　要注意！ $ab \div 6$
÷がはぶかれている

例 $\dfrac{x}{2y} = x \times \dfrac{1}{2} \times \dfrac{1}{y} = x \div 2 \div y$　　要注意！ $x \div 2 \times y$

<商の表し方>

文字の混じった除法では，わり算の記号÷は使わないで，分数の形で表します。

$$a \div (-3) = \frac{a}{-3} = -\frac{a}{3}$$

（分子に／分母に／−の符号は分数の前に）

基本練習　→答えは別冊6ページ

次の式を，文字式の表し方にしたがって表しましょう。

(1)　$y \div 4$

(2)　$(-6) \div a$

(3)　$2x \div 5$

(4)　$8m \div (-3)$

(5)　$(a+1) \div 2$

(6)　$(x-y) \div (-7)$

(7)　$a \times b \div 3$

(8)　$x \div y \div 5$

<左ページの問題の答え>
問題1　(1) $\frac{a}{7}$　(2) $-\frac{9}{m}$
問題2　$x \div 3 \times y = \frac{x}{3} \times y = \frac{xy}{3}$

＋や−が混じっていたら，計算の順に注意！

加減乗除が混じっていたら，数の計算と同じように，かけ算やわり算を先に計算します。

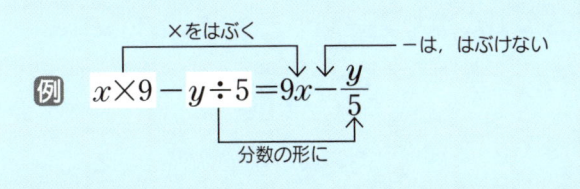

例　$x \times 9 - y \div 5 = 9x - \dfrac{y}{5}$

（×をはぶく／−は，はぶけない／分数の形に）

お先に！

ステップアップ

17 文字に数をあてはめよう

3章 文字と式　　　　　　　　　　　　　　式の値

式の中の文字に数をあてはめることを**代入する**といい，代入して計算した結果を**式の値**といいます。
式の値の求め方について考えてみましょう。

問題1 $x=2$ のとき，$5x-3$ の式の値を求めましょう。

まず，もとの式を，記号×を使った式に直して，x に数を代入すると，

$5x-3=$ □ $-3=5×$ □ $-3=$ □ $-3=$ □ ←式の値

と計算できます。

次は，負の数を代入します。

問題2 $x=-3$ のとき，$7+4x$ の式の値を求めましょう。

負の数は，かっこをつけて代入して，符号のミスを防ぎます。

$7+4x=$ □ $=7+4×$ □ $=7+($ □ $)=$ □

　　　　　↑×を使った式に直す　　かけ算を先に計算

ステップアップ

指数のついた式への代入

指数のついた式に負の数を代入するときは，符号の変化に十分に注意して計算しましょう。

例 $x=-2$ のとき，$3x^2$ と $(-x)^3$ の式の値を求めましょう。

$3x^2=3×(-2)^2=3×4=12$　　　$(-x)^3=\{-(-2)\}^3=(+2)^3=8$

　　　　↑　　　　　　　　　　　　　　　↑
　　-2^2 としないように注意！　　　　-2^3 としないように注意！

<式の値の求め方>
もとの式を，記号×を使った式に直して，文字に数を代入して計算します。

負の数は，（　）をつけて代入！
計算の順序に注意！

基本練習　➡ 答えは別冊6ページ

$x=3$ のとき，次の式の値を求めましょう。

(1) $2x+4$　　　　(2) $9-6x$

$x=-4$ のとき，次の式の値を求めましょう。

(1) $3x-2$　　　　(2) $8+7x$

$x=\dfrac{1}{2}$ のとき，$3-8x$ の式の値を求めましょう。

<左ページの問題の答え>
問題1　$5 \times x - 3 = 5 \times 2 - 3 = 10 - 3 = 7$
問題2　$7 + 4 \times x = 7 + 4 \times (-3) = 7 + (-12) = -5$

代入したら計算の順序に注意！

文字式に数を代入すると，数の計算になりますね。このとき，四則の混じった計算では，計算の順序に十分に注意しましょう。計算の順序は，

かっこ・累乗　➡　乗除　➡　加減

ステップアップ

18 同じ文字をまとめよう

3章 文字と式　　　　　　　　文字の項をまとめる

文字の部分が同じ項は，1つの項にまとめ，かんたんにすることができます。
項のまとめ方について考えてみましょう。

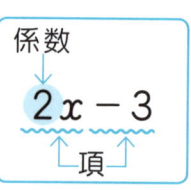

係数　$2x - 3$　項

問題1　(1) $3a + 4a$　　(2) $2x - 5x$

(1) 文字の部分が同じ項は，係数どうしを計算して，

$$3a + 4a = (\boxed{} + \boxed{})a = \boxed{}$$

とまとめることができます。

(2) $2x - 5x = (\boxed{})x = \boxed{}$

次のような，文字の項と数の項のある式は，文字の項どうし，数の項どうしをそれぞれまとめます。

問題2　$9y + 2 - 4y + 6$

$$9y + 2 - 4y + 6 = \boxed{} + 2 + 6$$
　　　　　　　　　　同じ文字の項　　数の項

← 文字の部分が同じ項，数の項を集める。

$$= (\boxed{})y + 2 + 6$$

← 文字の項，数の項をまとめる。

$$= \boxed{}$$

ステップアップ

1次式とは？

$2a$ や $-3x$ のように，文字が1つだけの項を **1次の項** といいます。
1次の項だけか，または，1次の項と数の項との和で表される式を **1次式** といいます。

1次式だよ
$-2x$　　$\frac{1}{3}a$　　$y + 4$　　$5m - 6$

1次式じゃないよ
ab　　x^2　　$xy + 7$

044

<文字の部分が同じ項のまとめ方>
文字の部分が同じ項は，係数どうしを計算して，1つの項にまとめることができます。

$$2x + 3x = (2+3)x = 5x$$

基本練習　→答えは別冊6ページ

次の計算をしましょう。

(1) $2x + 7x$

(2) $-8b + 5b$

(3) $4a - 3a$

(4) $6y - y$

(5) $5x + 8 + x - 3$

(6) $3a - 2 - 6a + 8$

(7) $7y - 4 - 5 - 3y$

(8) $-3 + m + 4 - 9m$

<左ページの問題の答え>
問題1　(1) $(3+4)a = 7a$　(2) $(2-5)x = -3x$
問題2　$9y - 4y + 2 + 6 = (9-4)y + 2 + 6 = 5y + 8$

文字がいくつ？　ステップアップ

$3a$ は a が3個あることを表していますね。このように，文字についている係数は，その文字がいくつあるかを表しています。つまり，同じ文字の項をまとめる計算は，その文字がいくつあるかを求める計算と考えられます。

$$\underbrace{3a}_{aが3個} + \underbrace{4a}_{aが4個} = \underbrace{(3+4)a}_{aが(3+4)個} = 7a$$

あわせて

$3a$ 　3個です

19 文字式のたし算・ひき算

3章 文字と式 　　　1次式の加減

かっこのある文字式の計算のしかたを考えてみましょう。

問題1　$2x+7+(3x-4)$

まず，かっこをはずします。+（　）は，**そのままかっこをはずします。**

$$2x+7+(3x-4)=2x+7\ \boxed{}\ \boxed{}$$

$$=\underset{\text{文字の項}}{\boxed{}}\ \underset{\text{数の項}}{\boxed{}}\quad \leftarrow\text{文字の項，数の項を集める。}$$

$$=\boxed{}$$

問題2　$5a-6-(2a-4)$

かっこの前に－の符号があるときは要注意です。
－（　）は，かっこをはずすと，**かっこの中の各項の符号が変わります。**

$$5a-6-(2a-4)=5a-6\ \boxed{}\ \boxed{}$$

$$=\underset{\text{文字の項}}{\boxed{}}\ \underset{\text{数の項}}{\boxed{}}\quad \leftarrow\text{文字の項，数の項を集める。}$$

$$=\boxed{}$$

ステップアップ

－（　）は要注意！

－（　）をはずすときに，かっこの中のうしろの項の符号を変え忘れるミスが多く見られます。
十分に注意しましょう。

$-(2x+3) \to =-2x \cancel{+} 3$ 　誤
　　　　　 $\to =-2x \ominus 3$ 　正

$-(5a-4) \to =-5a \cancel{-} 4$ 　誤
　　　　　 $\to =-5a \oplus 4$ 　正

数の計算で考えると，－(2+3)はかっこをはずすと，－2－3となりますね。
ほら！　うしろの数の符号が+から-に変わりますよ。

<1次式の加法・減法>
かっこをはずして，文字の部分が同じ項どうし，数の項どうしをそれぞれまとめます。

<かっこのはずし方>
＋（ ）→各項の符号は変わらない。
－（ ）→各項の符号が変わる。

基本練習 → 答えは別冊7ページ

次の計算をしましょう。

(1) $3x+(x-5)$

(2) $2b-(3b-1)$

(3) $(7a-6)+(2a-9)$

(4) $(6y-5)+(7-8y)$

(5) $(9m+4)-(5m-3)$

(6) $(3-7x)-(2x-5)$

<左ページの問題の答え>
問題1 $2x+7+3x-4=2x+3x+7-4=5x+3$
問題2 $5a-6-2a+4=5a-2a-6+4=3a-2$

かくれている係数は1

文字式では，係数の1は書きませんでしたね。
次のような項の係数はかんちがいしやすいので注意しましょう。

a →係数は 1 $-a$ →係数は -1 $\dfrac{a}{2}$ →係数は $\dfrac{1}{2}$

次のような計算をしちゃダメだよ！
$2a-a=2$
正しくは，$2a-a=a$ です。aa から a を1つとるからですね。

いつも ほんでは いますよ
どうも

ステップアップ

20 文字式のかけ算・わり算

3章 文字と式　　1次式の乗除①

文字式のたし算，ひき算とくれば，次は，かけ算，わり算ですね。
まず，文字式に数をかける計算のしかたを考えてみましょう。

問題1　(1) $2a \times 3$　　(2) $8x \times (-5)$

(1) かけ算は，かける順を変えて計算できるので，数どうしを計算して，それに文字をかけます。←22ページを見よう！

$$2a \times 3 = 2 \times a \times 3 = \boxed{} \times a = \boxed{}$$

(2) $8x \times (-5) = \boxed{} \times x = \boxed{}$

次は，文字式を数でわる計算のしかたを考えてみましょう。

問題2　(1) $28a \div 4$　　(2) $12y \div (-6)$

(1)は分数の形にして，(2)はわり算をかけ算に直して計算してみましょう。

(1) 分数の形にして，約分すると，

$$28a \div 4 = \frac{\boxed{}}{\boxed{}} = \boxed{}$$

(2) わる数を逆数にして，かけ算に直すと，

$$12y \div (-6) = 12y \times \left(\boxed{}\right) = \boxed{}$$

ステップアップ

ルールは同じ！

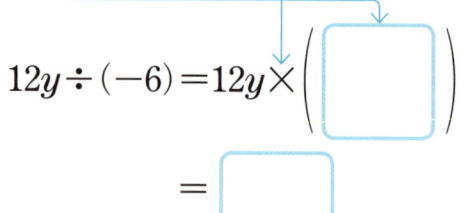

文字式の計算も，数の計算も計算のルールは同じです。
文字の係数の計算を，数の計算のルールにしたがって行います。
・加減ならば，係数の和や差
・乗除ならば，係数の積や商
を求めて，その結果に文字式のきまりにしたがって文字をつけ加えればよいのです。

ルールは同じ!!

<1次式と数の乗法・除法>
乗法…係数と数の積を求め，それに文字をかけます。
除法…分数の形にして，約分します。（または，わる数を逆数にして，乗法に直して計算します。）

基本練習　→答えは別冊7ページ

次の計算をしましょう。

(1) $3x \times 4$

(2) $7a \times (-5)$

(3) $(-2y) \times (-9)$

(4) $(-8m) \times \dfrac{1}{4}$

次の計算をしましょう。

(1) $18a \div 6$

(2) $(-12y) \div 3$

(3) $36x \div (-4)$

(4) $(-40b) \div (-8)$

<左ページの問題の答え>
問題1　(1) $2 \times 3 \times a = 6a$　(2) $8 \times (-5) \times x = -40x$
問題2　(1) $\dfrac{28a}{4} = 7a$　(2) $12y \times \left(-\dfrac{1}{6}\right) = -2y$

分数でわる計算は逆数で切りぬけよう！

文字式を分数でわる計算でもあわてずに！　わる数を逆数にして，わり算をかけ算に直せばかんたんです。

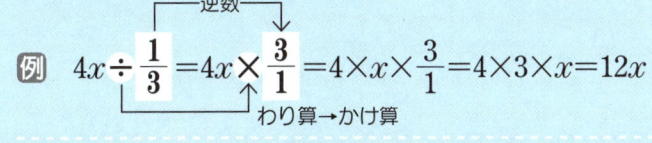

例　$4x \div \dfrac{1}{3} = 4x \times \dfrac{3}{1} = 4 \times x \times \dfrac{3}{1} = 4 \times 3 \times x = 12x$
（逆数／わり算→かけ算）

例　$12a \div \left(-\dfrac{2}{3}\right) = 12a \times \left(-\dfrac{3}{2}\right) = 12 \times a \times \left(-\dfrac{3}{2}\right) = 12 \times \left(-\dfrac{3}{2}\right) \times a = -18a$

ステップアップ

21 文字式のかっこのはずし方

3章 文字と式　　　　　　**1次式の乗除②**

文字式の学習もいよいよ最終段階ですね。
最後に，項が2つの文字式と数とのかけ算，わり算のしかたを考えてみましょう。

問題1　$3(2a+5)$

分配法則を使って，数をかっこの中のそれぞれの項にかけると，

$3(2a+5) = 3 \times \boxed{} + \boxed{} \times 5 = \boxed{}$

分配法則
$a(b+c) = ab + ac$
$a(b-c) = ab - ac$

次は，文字式と数とのわり算ですよ。

問題2　$(8a-20) \div (-4)$

わり算をかけ算に直せば，これもまた $\boxed{}$ を使って，かっこをはずせますね。

$(8a-20) \div (-4) = (8a-20) \times \boxed{}$ ← 逆数にしてかける。

$= \boxed{} + \boxed{}$

$= \boxed{}$

分数の形に直しても計算できるよ！

問題2のように，わる数が整数のときは，次のように<u>分数の形に直して</u>計算することもできます。

$(8a-20) \div (-4) = \dfrac{8a}{-4} + \dfrac{-20}{-4} = -2a + 5$

ただし，わる数が分数のときは，わり算をかけ算に直して計算しましょう。

分数にしてもいいよ♪

ステップアップ

<項が2つの1次式と数との乗法・除法>
乗法…分配法則を利用して，数を( )の中のそれぞれの項にかけ，かっこをはずします。
除法…除法を乗法に直して，あとは，乗法と同じように計算します。

基本練習 → 答えは別冊7ページ

次の計算をしましょう。

(1) $6(x-2)$

(2) $-4(5a-7)$

(3) $(15y-9) \div 3$

(4) $(45x-30) \div (-5)$

次の計算をしましょう。

(1) $2(3a-4)+3(a+2)$

(2) $4(5x-2)-7(3x-1)$

<左ページの問題の答え>
問題1　$3 \times 2a + 3 \times 5 = 6a + 15$
問題2　分配法則，$(8a-20) \times \left(-\dfrac{1}{4}\right) = 8a \times \left(-\dfrac{1}{4}\right) + (-20) \times \left(-\dfrac{1}{4}\right) = -2a + 5$

分数の形の文字式のかけ算

分数の形の 文字式×数 の計算は，分母とかける数に着目します。
分母とかける数が約分できるときは，まずはじめに約分して，( )×数 の形にして計算しましょう。

例　$\dfrac{3x+5}{4} \times 12 = \dfrac{(3x+5) \times \overset{3}{\cancel{12}}}{\underset{1}{\cancel{4}}} = (3x+5) \times 3 = 9x+15$

かっこでくくる
約分できる！
( )×数の形

ステップアップ

復習テスト

3章 文字と式

答えは別冊7ページ
得点 /100点

1 次の式を，文字式の表し方にしたがって表しましょう。　【各4点 計24点】

(1) $y \times 9 \times x$

(2) $c \times b \times (-1)$

(3) $m \times m \times m \times m$

(4) $a \div (-5)$

(5) $(y-z) \div 6$

(6) $a \times 2 - b \div 3$

2 次の式を，×や÷の記号を使った式で表しましょう。　【各4点 計8点】

(1) ab^2

(2) $\dfrac{8x}{y}$

3 次の数量を文字式で表しましょう。　【各5点 計10点】

(1) 90 cm のリボンから，10 cm のリボンを x 本切り取ったときの残りのリボンの長さ

(2) 4人で同じ金額ずつ出し合って，a 円と b 円の品物を買ったときの1人あたりの出した金額

4 $x=-2$ のとき，次の式の値を求めましょう。　【各5点 計10点】

(1) $3x+7$

(2) $2-x^2$

5 次の計算をしましょう。 【各4点 計24点】

(1) $y-4y$

(2) $8a-7+3-5a$

(3) $6x+(2x-9)$

(4) $4m-(5+7m)$

(5) $(3b-7)+(5-8b)$

(6) $(5x-4)-(x-9)$

6 次の計算をしましょう。 【各4点 計24点】

(1) $4a \times 7$

(2) $48y \div (-8)$

(3) $-3(8x-5)$

(4) $(20b-12) \div (-4)$

(5) $5(x-2)+2(3x+4)$

(6) $3(4x-5)-7(3x-2)$

％が出てきたら？

割合□％にあたる量を文字式を使って表してみます。
ポイントは，％（百分率）で表された数をそのまま使わずに，その数を分数に直してから計算することですよ。

例　a g の 20％ にあたる量は，$a \times \dfrac{20}{100} = \dfrac{1}{5}a$ (g)
　　　　　　　　└─20％を分数で表す─┘

例　300 g の a ％ にあたる量は，$300 \times \dfrac{a}{100} = 3a$ (g)
　　　　　　　　└─a ％を分数で表す─┘

ステップアップ

22 方程式とは？

4章　方程式　　　　　　　　　　　　　　　等式と方程式

等号＝を使って，数量の間の関係を表した式を**等式**といいます。
また，式の中の文字に特別な値を代入すると成り立つ等式を，**方程式**といいます。

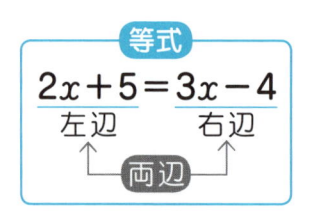

等式
$2x+5=3x-4$
　左辺　　　右辺
　　　両辺

問題1　0，1，2，3のうち，方程式 $4x-7=5$ の解はどれですか。

方程式の解とは，式に代入したときに等式が成り立つような文字の値です。
これより，方程式の x にそれぞれの数を代入して，左辺を計算し，右辺の値と比べます。

0を代入すると，左辺＝4×□ －7＝□

1を代入して，計算すると，左辺＝□

2を代入して，計算すると，左辺＝□　　　　　右辺＝5

3を代入して，計算すると，左辺＝□

　　　　　左辺の値と右辺の値を比べる。

以上から，等式が成り立つのは，x に □ を代入したときなので，解は □ です。

式の中の文字に数を代入したとき，
左辺の計算の結果＝右辺の計算の結果
となること。

ステップアップ　数量の間の関係を等式で表してみよう！

数量を文字で表すことは，3章で学習しましたね。
それでは，等しい2つの数量関係を＝でつないで，等式で表してみましょう。

例　a 枚の画用紙を，1人に5枚ずつ b 人の子どもに分けたら4枚余りました。

画用紙の枚数は，　分けた枚数と余った枚数の合計　　　等しい
　　a　　　　　　　$5b$　　　　4　　→　$a=5b+4$

<方程式と解>
方程式…式の中の文字に特別な値を代入すると成り立つ等式。
方程式の解…方程式を成り立たせる文字の値。方程式の文字に解を代入すると，左辺＝右辺　が成り立つ。

基本練習　→答えは別冊8ページ

－1，0，1のうち，方程式 $3x+4=9-2x$ の解はどれですか。

次の方程式のうち，解が－3であるものを記号で答えましょう。
㋐　$-3x+8=-1$　　㋑　$4x-9=7x$　　㋒　$2x-3=5x+6$

<左ページの問題の答え>
問題1　$4×0-7=-7$，
－3，1，5，3，3

どうして x を使うの？

方程式では，一般にわからない数を x として式をつくります。このわからない数のことを未知数といいます。では，なぜ未知数を x で表すようになったのでしょうか？

アラビア語では，未知数を「あるもの」という意味で「シェイゥ」と呼んでいました。このことばが，現在のスペインに伝わって，スペイン語で「xei」と表されました。スペイン語では，x は sh（シュ）の発音だからです。このスペイン語の「xei」の最初の文字 x が未知数を表す x になったといわれています。

x の語源はアラビア語なんだね

ステップアップ

23 等式の性質

4章 方程式

方程式の解を求めることを**方程式を解く**といいます。

等式の性質を使って、方程式を解いてみましょう。

コツは、方程式が「$x=\sim$」の形になるように、この性質を利用することです。

> **等式の性質**
> $A=B$のとき、
> ❶ $A+C=B+C$ （同じ数をたしても等式は成り立つ）
> ❷ $A-C=B-C$ （同じ数をひいても等式は成り立つ）
> ❸ $A\times C=B\times C$ （同じ数をかけても等式は成り立つ）
> ❹ $A\div C=B\div C$ （$C\neq 0$）（同じ数でわっても等式は成り立つ）

問題1
(1) $x-3=5$ 　　　 (2) $4x=-12$

(1) 等式の性質❶を使って、左辺をxだけの式にします。

$x-3=5$

$x-3 \boxed{} = 5 \boxed{}$ ← 両辺に同じ数をたす。

$x = \boxed{}$ ← $x=\blacksquare$ は、方程式の解が■であることを示しているので、これで方程式を解いたことになる。

(2) 等式の性質❹を使って、左辺をxだけの式にします。

$4x=-12$

$4x \boxed{} = -12 \boxed{}$ ← 両辺を同じ数でわる。

$x = \boxed{}$

ステップアップ

等式の性質❹は❸に変えられる？

方程式 $2x=8$ を解くには、両辺を2でわればいいですね。でも、2でわることは、2の逆数$\frac{1}{2}$をかけることと同じなので、両辺に$\frac{1}{2}$をかけて解くこともできます。

わり算 — $2x=8$ — かけ算
$2x\div 2=8\div 2$ 　　$2x\times\frac{1}{2}=8\times\frac{1}{2}$

両辺を 同じ数■でわること は、両辺に 同じ逆数$\frac{1}{\blacksquare}$をかけること と同じです。

<等式の性質と方程式>

方程式は，右の等式の性質を使って，解くことができます。

$A=B$ のとき，
1. $A+C=B+C$
2. $A-C=B-C$
3. $A\times C=B\times C$
4. $A\div C=B\div C\ (C\neq 0)$

$x+2=7$
両辺から2をひくと，
$x+2-2=7-2$
$x=5$

基本練習 → 答えは別冊8ページ

次の□にあてはまる数を書きましょう。

(1) 方程式 $x+5=3$ を，等式の性質を使って解くと，

両辺から □ をひいて，$x+5-$ □ $=3-$ □ ，$x=$ □

(2) 方程式 $\dfrac{x}{2}=6$ を，等式の性質を使って解くと，

両辺に □ をかけて，$\dfrac{x}{2}\times$ □ $=6\times$ □ ，$x=$ □

次の方程式を，等式の性質を使って解きましょう。

(1) $x+9=4$

(2) $x-8=-7$

(3) $\dfrac{x}{5}=-2$

(4) $-3x=-21$

<左ページの問題の答え>
問題1 (1) $x-3+3=5+3$，$x=8$
　　　(2) $4x\div 4=-12\div 4$，$x=-3$

x の係数が分数のときは？

方程式 $\dfrac{2}{3}x=-6$ のように，x の係数が分数の方程式はどのように解けばよいでしょう？左辺を x だけの式にするためには，両辺に，x の係数 $\dfrac{2}{3}$ の逆数 $\dfrac{3}{2}$ をかければいいですね。

例　$\dfrac{2}{3}x=-6$
　　$\dfrac{2}{3}x\times\dfrac{3}{2}=-6\times\dfrac{3}{2}$
　　$x=-9$

バランス

ステップアップ

24 方程式の解き方①

4章 方程式

続いて，方程式の効率のよい解き方を考えていきましょう。

問題1 (1) $x+7=4$　　　(2) $5x=9x+24$

(1) まず，等式の性質を使って，両辺から7をひくと，

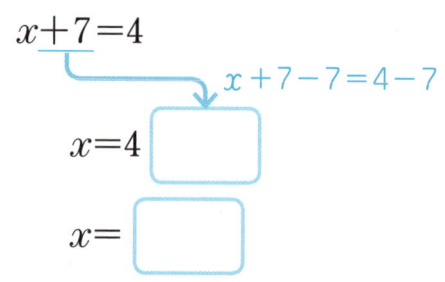

$x+7=4$
$x+7-7=4-7$
$x=4\,\boxed{}$
$x=\boxed{}$

となり，左辺の+7が符号を変えて，右辺に移りましたね。

このように，等式では，一方の辺にある項を，**その符号を変えて，他方の辺に移すことができ，これを移項**といいます。

(2) 移項の考え方を使って解きます。右辺の9xを左辺に移項すると，

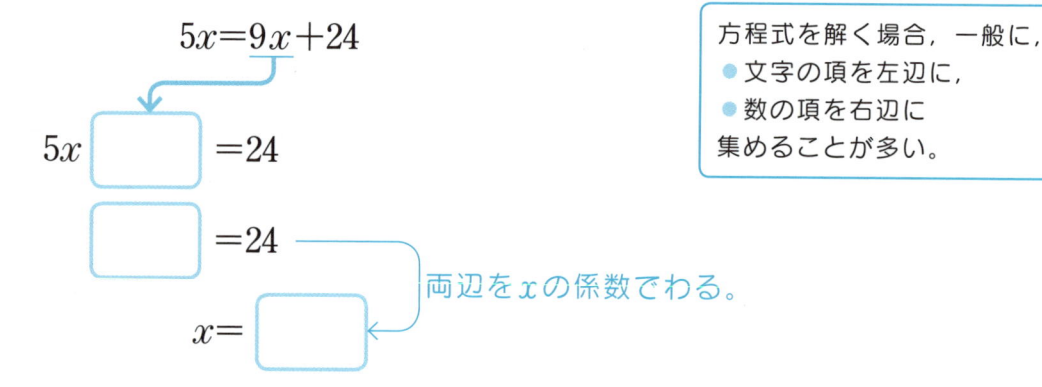

$5x=9x+24$
$5x\,\boxed{}=24$
$\boxed{}=24$
$x=\boxed{}$

両辺をxの係数でわる。

> 方程式を解く場合，一般に，
> ● 文字の項を左辺に，
> ● 数の項を右辺に
> 集めることが多い。

ステップアップ

＝で整列！

方程式を解くときは，式を＝でそろえて書くとよいですよ。式の変わり方のようすがよくわかり，ミスを防げます。

例
$4x-3=5$
$4x=5+3$
$4x=8$
$x=2$

整列！！ピシッ

<方程式の解き方>

$ax+b=c$ の形の方程式は，左辺の $+b$ を右辺に移項して，$ax=c-b$ として解く。
$ax=bx+c$ の形の方程式は，右辺の bx を左辺に移項して，$ax-bx=c$ として解く。

基本練習　→答えは別冊8ページ

次の方程式を，移項を使って解きましょう。

(1) $x+6=2$

(2) $7x-3=11$

(3) $9-5x=-6$

(4) $2x=3x-9$

(5) $7x=4x-21$

(6) $-4x=12+2x$

<左ページの問題の答え>
問題1 (1) $x=4-7$, $x=-3$
(2) $5x-9x=24$, $-4x=24$, $x=-6$

方程式の解は整数とはかぎらない！

例　$3x+5=7$　　　　$x-9=8x$
　　$3x=7-5$　　　　$x-8x=9$
　　$3x=2$　　　　　$-7x=9$
　　$x=\dfrac{2}{3}$　　　　$x=-\dfrac{9}{7}$

　　　　　↑ 解は分数で表せばよい！ ↑

ステップアップ

25 方程式の解き方②

4章 方程式

方程式の解き方①では、項を1つだけ移項して、方程式を解きました。
ここでは、2つの項を移項して、方程式を解いてみましょう。

問題 1 (1) $7x-4=3x+8$ (2) $3-5x=x-9$

(1) $7x-4=3x+8$
  -4 を右辺に、$3x$ を左辺に移項すると、

  $7x\ \boxed{}\ =8\ \boxed{}$ ← 文字の項を左辺に、数の項を右辺に集める。

  $\boxed{} = \boxed{}$ ← $ax=b$ の形にする。

  $x = \boxed{}$ ← 両辺を x の係数 a でわる。

(2) $3-5x=x-9$

  $\boxed{}$ を右辺に、$\boxed{}$ を左辺に移項すると、

  $\boxed{}$

  $\boxed{} = \boxed{}$ ← $ax=b$ の形にする。

  $x = \boxed{}$ ← 両辺を x の係数 a でわる。

ステップアップ

文字の項を右辺に、数の項を左辺に移項してもいいの？

もちろん、文字の項を右辺に、数の項を左辺に集めてもかまいません。
大切なことは、文字の項と数の項をそれぞれ同じ辺に集めて、$ax=b$ または $b=ax$ の形をつくることです。
ただし、ふつうは、文字の項を左辺に、数の項を右辺に集めることが多いですよ。

例
$5x+4=8x-2$
$4+2=8x-5x$
$6=3x$
$2=x$
$\underline{x=2}$
↑ 答えはこの形で

左でも 右でも

<方程式の解き方の手順>
❶ 文字の項を左辺に，数の項を右辺に移項する。
❷ $ax=b$ の形にする。
❸ 両辺を x の係数 a でわって，x の値を求める。

$4x-1=2x+5$
$4x-2x=5+1$
$2x=6$
$x=3$

基本練習 →答えは別冊8ページ

次の方程式を解きましょう。

(1) $5x+2=x-6$

(2) $6x-5=4x+9$

(3) $2x-7=5x+8$

(4) $x-2=8x-9$

(5) $3x-7=9-5x$

(6) $15-7x=45-2x$

<左ページの問題の答え>
問題1 (1) $7x-3x=8+4$, $4x=12$, $x=3$
(2) 3, x, $-5x-x=-9-3$, $-6x=-12$, $x=2$

1次方程式とは？

移項して整理することによって，（1次式）＝0 の形に変形できる方程式を **1次方程式** といいます。

x の指数は1

つまり，1次方程式とは $ax=b$ の形に変形できる方程式と考えてかまいません。

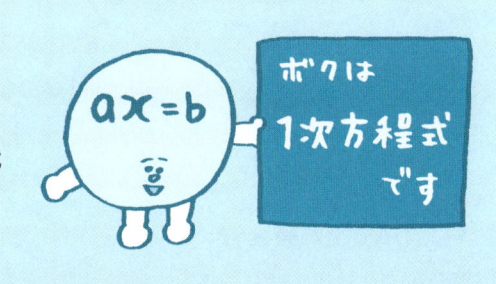

ボクは **1次方程式** です

ステップアップ

26 いろいろな方程式

4章 方程式

見た目が少し複雑な方程式の解き方について考えてみましょう。
複雑に見えるところをいかにシンプルに直せるかが、ポイントですよ。

問題1　$8(x+3)=5x+6$

かっこのある方程式は、まず、分配法則を使って、かっこをはずします。

$8(x+3)=5x+6$
$\boxed{}=5x+6$

分配法則
$a(b+c)=ab+ac$

$\boxed{}x=\boxed{}$　← 移項して整理し、$ax=b$の形にする。

$x=\boxed{}$　← 両辺をxの係数でわる。

問題2　$\dfrac{1}{2}x-2=\dfrac{1}{4}x$

係数に分数をふくむ方程式は、両辺に分母の公倍数をかけて、係数を整数に直します。

$\left(\dfrac{1}{2}x-2\right)\times\boxed{}=\dfrac{1}{4}x\times\boxed{}$

$\boxed{}=\boxed{}$　── 公倍数のうちの、最小公倍数をかけると、計算がかんたんになる。

$x=\boxed{}$

ステップアップ

係数に小数をふくむ方程式

複雑に見せている原因の小数を整数に直します。どうすれば小数を整数に直せるでしょうか？両辺に10や100をかけてみましょう。ほら、整数になりましたね！

例
$0.1x+1.2=0.5x-2$
$(0.1x+1.2)\times 10=(0.5x-2)\times 10$
$x+12=5x-20$
$-4x=-32$
$x=8$

<いろいろな方程式の解き方>

かっこのある方程式…分配法則を利用して，かっこをはずしてから解きます。
係数に分数をふくむ方程式…両辺に分母の公倍数をかけて，係数を整数に直してから解きます。

基本練習　→答えは別冊9ページ

次の方程式を解きましょう。

(1)　$3(x+5)=x+7$

(2)　$7x-2=2(5x-4)$

(3)　$3(2x-1)=5(6-x)$

(4)　$\dfrac{1}{5}x-3=\dfrac{1}{2}x$

(5)　$\dfrac{1}{4}x+5=\dfrac{2}{3}x-5$

(6)　$\dfrac{x+2}{3}=\dfrac{x-1}{2}$

<左ページの問題の答え>
問題1　$8x+24=5x+6$, $3x=-18$, $x=-6$
問題2　$\left(\dfrac{1}{2}x-2\right)\times 4=\dfrac{1}{4}x\times 4$, $2x-8=x$, $x=8$

分母をはらう　ステップアップ

方程式の両辺に分母の公倍数をかけて，分数をふくまない方程式に直すことを **分母をはらう** といいます。
方程式では分母をはらえますが，**文字式の計算では分母ははらえない** ことに注意しましょう。
文字式の計算で，分母をはらってしまうミスがよくありますよ。

文字式の計算　　　　　　　　　　　　式に6をかけて分母をはらってはダメ
$\dfrac{1}{2}x+3-\left(\dfrac{1}{3}x+5\right) \longrightarrow \left\{\dfrac{1}{2}x+3-\left(\dfrac{1}{3}x+5\right)\right\}\cancel{\times 6}=3x+18-(2x+30)$

27 方程式の文章題

4章 方程式　　方程式の応用

文章題だって，ひとつひとつていねいに考えていけば難しくありませんよ。
では，方程式を使って解く文章題について考えてみましょう。

問題1　1枚50円の画用紙を何枚かと，500円の色鉛筆を買い，1000円出したらおつりが100円でした。画用紙を何枚買いましたか。

次の手順で考えていきます。

数量の間の関係をつかむ

数量の間の関係をことばの式で表すと，

支払った金額－（画用紙の代金＋色鉛筆の代金）＝ ☐

xで表す数量を決める

買った画用紙の枚数をx枚とする。
（求めるものをxとすることが多い。）

方程式をつくる

$1000 - (\quad\boxed{}\quad) = 100$

方程式を解く

☐

解の検討をする

画用紙の枚数は自然数だから，これは問題にあっている。

したがって，画用紙の枚数は ☐ 枚

ステップアップ　2けたの自然数の問題

一の位の数が7である2けたの自然数があります。この自然数の十の位の数と一の位の数を入れかえた自然数は，もとの自然数より27大きくなります。もとの自然数を求めましょう。

2けたの自然数は，
10×（十の位の数）＋（一の位の数）
たとえば，32＝10×3＋2 と表せますね。

<解答>
もとの自然数の十の位の数をxとすると，
もとの自然数 …………… $10 \times x + 7 = 10x + 7$
入れかえてできる自然数… $10 \times 7 + x = 70 + x$
よって，方程式は，$70 + x = 10x + 7 + 27$
これを解くと，$x = 4$
したがって，もとの自然数は47

<方程式の文章題の解き方の手順>

❶ 方程式をつくる。 → ❷ 方程式を解く。 → ❸ 解の検討をする。
・問題の中の等しい数量関係を見つけます。　　　　　　　　　　方程式の解が，その問題にあ
・何をxで表すかを決めます。　　　　　　　　　　　　　　　っているかを調べます。

基本練習　→答えは別冊9ページ

50円切手と80円切手をあわせて10枚買ったら，代金の合計は620円でした。50円切手は何枚買いましたか。

何人かの子どもにみかんを配ります。1人に4個ずつ配ると20個余り，6個ずつ配ると10個たりません。次の問いに答えましょう。

(1) x人の子どもに4個ずつ配ったときの全体のみかんの個数をxを使って表しましょう。

(2) 子どもの人数とみかんの個数を求めましょう。

<左ページの問題の答え>
問題1　おつり，$1000-(50x+500)=100$
　　　　$1000-50x-500=100$, $-50x=-400$, $x=8$
画用紙の枚数は8枚

「解の検討」ってどういうこと？

方程式の解が小数や分数，または，負の数になったら要注意ですよ。
必ず，その解が問題の答えとして適しているかを検討しましょう。

個数，人数，金額など　→答えとなる数は，**自然数**になるはず！
を求める問題では？

時間の前後，増減など　→答えとなる数は，**正の数**を使いたい方に直す。　例　−5年前→5年後
を求める問題では？

ステップアップ

復習テスト

4章 方程式

答えは別冊9ページ
得点 /100点

1 −2, −1, 0, 1, 2 のうち, 次の方程式の解はそれぞれどれですか。【各5点 計10点】

(1) $7x-3=4x$

(2) $2x+15=5-3x$

2 次の方程式を解きましょう。【各5点 計40点】

(1) $x+3=-4$

(2) $6x=-30$

(3) $-\dfrac{x}{9}=-2$

(4) $3x-5=7$

(5) $5x-8=9x$

(6) $6x+10=x-20$

(7) $7x-2=9x-8$

(8) $5x+9=1-3x$

3 次の方程式を解きましょう。【各5点 計20点】

(1) $3(x-5)=x-3$

(2) $2(x-4)=7(x+1)$

(3) $\dfrac{1}{6}x-5=\dfrac{2}{3}x+1$

(4) $\dfrac{x+2}{3}=\dfrac{3x-2}{5}$

4 兄は1000円，弟は600円を持って買い物に出かけました。文房具店で，同じノートを兄は5冊，弟は3冊買ったら，兄の残金は，弟の残金より40円多くなりました。ノート1冊の値段をx円として，次の問いに答えましょう。

【各5点　計15点】

(1) 兄の残金をxを使った式で表しましょう。

(2) 方程式をつくりましょう。

(3) (2)の方程式を解いて，ノート1冊の値段を求めましょう。

5 何人かの子どもに色紙を配ります。1人に10枚ずつ配ると25枚余り，1人に15枚ずつ配ると20枚たりなくなります。子どもの人数をx人として，次の問いに答えましょう。

【(1)5点　(2)10点　計15点】

(1) 色紙の枚数を2通りの式で表しましょう。

(2) 子どもの人数と色紙の枚数を求めましょう。

覚えておきたい数量の関係

方程式の文章題では，数量の関係を方程式に表せるかどうかがポイントになります。
次のような数量の関係はよく使われるので，覚えておけば，ゼッタイ役立ちます！

- 単価×個数＝代金　　●合計÷個数＝平均
- 1人分の個数×人数＋余った個数＝全体の個数
- 速さ×時間＝道のり，$\dfrac{道のり}{速さ}$＝時間，$\dfrac{道のり}{時間}$＝速さ

ステップアップ

28 比例とは？

5章 比例と反比例　　　　　　　　　　比例

　一方の量が変わると，それにともなってもう一方の量も変わっていくような2つの量の関係について学習します。

　まず，小学校でも学習した比例の関係について，さらにくわしく学習していきましょう。

> **問題1** 右の表は，ともなって変わる2つの量 x, y の関係について表したものです。下の □ にあてはまる数を書きましょう。

x	0	1	2	3	4	5
y	0	4	8	12	16	20

❶ x の値が2倍，3倍，4倍，…になると，y の値は □ 倍，□ 倍，□ 倍，…になります。

❷ $x \neq 0$ のとき，上下に対応する x と y の値の商 $\frac{y}{x}$ はどれも □ となり，一定です。

$\frac{4}{1}, \frac{8}{2}, \frac{12}{3}, \cdots$

❸ y を x の式で表すと，$y = $ □ x となります。

　x と y の間に，❶〜❸のような関係があるとき，**y は x に比例する**といいます。ちなみに，❶，❷は，比例の性質であり，❸は比例の式です。

　比例の式について，もう少しくわしく説明します。

　一般に，比例の関係を表す式は，a を比例定数として，右のように表されます。

　この比例定数 a は，x と y の値の商 $\frac{y}{x}$ と等しくなります。

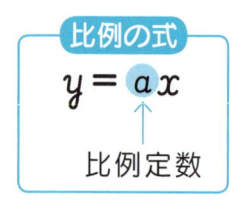

比例の式
$y = ax$
↑
比例定数

ステップアップ

変数とは？　定数とは？

　上の x や y のように，いろいろな値をとる文字を**変数**といいます。

　これに対して，変わらない決まった数のことを**定数**といいます。

　ただし，上の比例の式の比例定数 a のように**決まった数を表す文字は定数**となります。

変数
↓
$y = 3x$
↑
定数

定数は決まった数だよ

<比例>
比例の式 … $y=ax$ （aは定数）
比例の性質 ❶ xの値が2倍，3倍，4倍，…になると，yの値も2倍，3倍，4倍，…になります。
❷ $x \neq 0$のとき，商$\frac{y}{x}$の値は一定で，比例定数aに等しい。

基本練習　→答えは別冊9ページ

次の数量の関係について，yをxの式で表し，yがxに比例するものには○を，比例しないものには×を書きましょう。

(1) 1冊200円のノートをx冊と50円の消しゴムを1個買ったときの代金の合計をy円とします。

(2) 空の水そうに，毎分8ℓの割合でx分間水を入れたときの，水そうの中の水の量をyℓとします。

(3) 12kmの道のりを，時速$x$kmで進んだときにかかる時間をy時間とします。

(4) 1辺が$x$cmの正三角形の周の長さを$y$cmとします。

<左ページの問題の答え>
問題1 ❶ 2, 3, 4
❷ 4　❸ 4

負の数でもいいの？

右の表のx，yの関係は$y=3x$という式で表せます。このように，x，yの値が負の数であっても比例の関係は成り立ちます。

x	…	-3	-2	-1	0	1	2	3	…
y	…	-9	-6	-3	0	3	6	9	…

また，右の表のx，yの関係は$y=-3x$という式で表せます。このように，比例定数が負の数であっても比例の関係は成り立ちます。

x	…	-3	-2	-1	0	1	2	3	…
y	…	9	6	3	0	-3	-6	-9	…

ステップアップ

29 比例を表す式

5章 比例と反比例　　比例の式の求め方

68ページで，yがxに比例するとき，x，yの関係を表す式は，$y=ax$となることを学習しましたね。これを利用して，比例の式を求めてみましょう。

問題1　yはxに比例し，$x=3$のとき$y=15$です。yをxの式で表しましょう。

yはxに比例するから，比例定数をaとすると，$y=ax$とおくことができます。

$x=3$のとき$y=15$だから，$y=ax$に代入して，□＝a×□，$a=$□

したがって，式は，$y=$□

問題2　yはxに比例し，$x=8$のとき$y=-4$です。$x=-6$のときのyの値を求めましょう。

まず，問題1と同じようにして，yをxの式で表し，その式にxの値を代入します。比例定数をaとすると，$y=ax$とおくことができます。

$x=8$のとき$y=-4$だから，$y=ax$に代入して，□＝a×□，$a=$□

したがって，式は，$y=$□

この式に$x=-6$を代入すると，$y=$□×$(-6)=$□

　　負の数はかっこをつけて代入

ステップアップ

以上・以下・未満

	意味	不等号を使った表し方	数直線上での表し方
xは3以上	xは3か，3より大きい	$x \geq 3$	0 1 2 3 4 5 6（●3）
xは3以下	xは3か，3より小さい	$x \leq 3$	0 1 2 3 4 5 6（●3）
xは3未満	xは3より小さい	$x < 3$	0 1 2 3 4 5 6（○3）

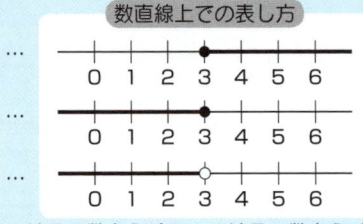

●はその数をふくみ，○はその数をふくまない。

<比例の式の求め方>

1. 求める式を $y=ax$ とおく。
2. この式に1組の x, y の値を代入する。
3. a の値を求める。

y は x に比例 ➡ $y=ax$

基本練習 ➡ 答えは別冊10ページ

次の問いに答えましょう。

(1) y は x に比例し，$x=2$ のとき $y=-6$ です。y を x の式で表しましょう。

(2) y は x に比例し，$x=-20$ のとき $y=5$ です。$x=-8$ のときの y の値を求めましょう。

<左ページの問題の答え>
問題1　$15=a\times 3$，$a=5$，$y=5x$
問題2　$-4=a\times 8$，$a=-\dfrac{1}{2}$，$y=-\dfrac{1}{2}x$，$y=-\dfrac{1}{2}\times(-6)=3$

変域とは？

変数がとる値の範囲を，その変数の**変域**（へんいき）といいます。
変域は，不等号 <, >, ≦, ≧ を使って，次のように表します。

x の変域が－2以上4以下 … $-2 \leqq x \leqq 4$

x の変域が－2より大きく4未満 … $-2 < x < 4$

30 座標

5章 比例と反比例　　座標

ここでは，平面上での点の位置の表し方について考えてみます。
まずは，ことばの意味をしっかり理解しておきましょう。

問題1　右下の図を見て，下の□にあてはまることばを書きましょう。

図のように，点Oで垂直に交わる2つの数直線を考えます。

横の数直線を□，縦の数直線を□，両方あわせて□といいます。

また，点O（オー）を□といいます。
↑
origin（英語で原点の意味）の頭文字です。

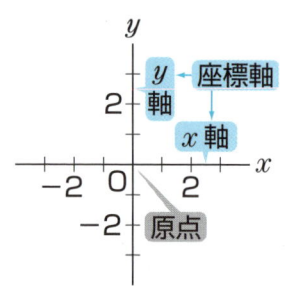

問題2　右下の図で，点A，B，C，Dの座標を答えましょう。

各点からx軸，y軸に垂直な直線をひき，それぞれの軸と交わる点の目もりを読みます。

点Aは，x座標が□，y座標が□だから，

A（□，□）
　x座標　y座標

同じようにして，点B，C，Dの座標を求めると，

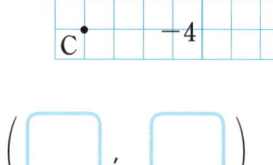

B（□，□）　　C（□，□）　　D（□，□）

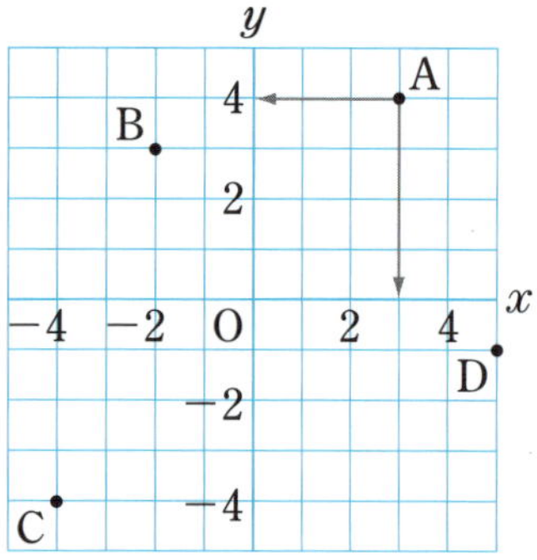

ステップアップ

x軸上，y軸上の点の座標は？

右の図で，点A，Bはどちらもx軸上の点で，その座標は，A(1, 0)，B(−3, 0)ですね。
このように，x軸上の点のy座標は0です。

また，点C，Dはどちらもy軸上の点で，その座標は，C(0, 2)，D(0, −4)ですね。
このように，y軸上の点のx座標は0です。

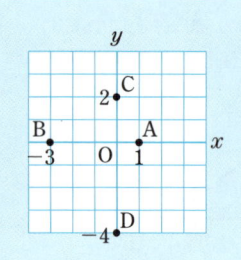

軸と重なっている時はゼロ0だよ

<点の座標の表し方>

右の図の点Pの位置をx, yの値の組を使って，右のように表します。これを点Pの座標といいます。

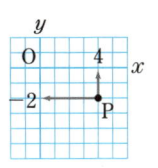

P(4, -2)
↑ x座標　↑ y座標

基本練習 →答えは別冊10ページ

右の図で，点A，B，C，Dの座標を答えましょう。

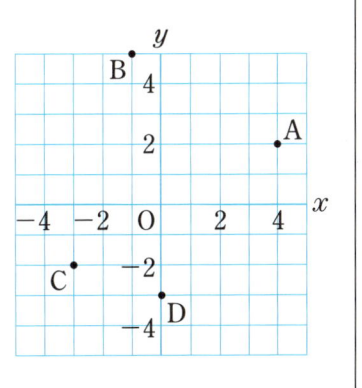

右の図に，座標が次のような点をかき入れましょう。

A(3, 2)　　B(-4, 1)
C(-2, -5)　D(1, 0)

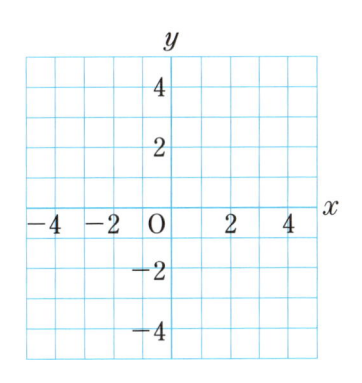

<左ページの問題の答え>
問題1　x軸，y軸，座標軸，原点
問題2　3，4，A(3, 4)，B(-2, 3)，C(-4, -4)，D(5, -1)

4つの部分で符号が決まる！

右の図のように，座標軸で分けられた，4つの部分をⅠ，Ⅱ，Ⅲ，Ⅳとします。点が，この4つの部分のどこにあるかによって，その点のx座標，y座標の符号は決まります。

Ⅱ($-$, $+$)　Ⅰ($+$, $+$)
Ⅲ($-$, $-$)　Ⅳ($+$, $-$)

ステップアップ

31 比例のグラフのかき方

5章 比例と反比例　　　　比例のグラフ①

小学校で学習した比例のグラフは，x，y の値が正の数の範囲でしたね。中学では，これを負の数までひろげて考えていきます。

問題1　比例の関係 $y=2x$ のグラフをかきましょう。

❶ x の値に対応する y の値を求め，下の表を完成させます。

x	…	-3	-2	-1	0	1	2	3	…
y	…	□	□	□	□	□	□	□	…

❷ ❶の表の x，y の値の組を座標とする点をとります。

❸ ❷でとった点を通る直線をかきます。

このように，比例の関係 $y=ax$ のグラフは **原点を通る直線** になります。

次はもっとかんたんにグラフをかく方法を考えてみましょう。

比例のグラフは，必ず原点 O(0, 0) を通るので，$y=ax$ のグラフは，原点以外にグラフが通る点を1つ見つけ，その点と原点を通る直線をかけばよいのです。

では，$y=2x$ のグラフのかき方を考えてみましょう。

$y=2x$ は，$x=3$ のとき $y=$ □ だから，グラフは点（□, □）を通ります。

これより，原点 O と点（□, □）を通る直線をかきます。

ステップアップ

グラフって，点の集まり？

$y=2x$ を満たす x，y の値の組はいくつもありますね。つまり，これらの値の組を座標とする点も，いくつもあるわけです。
これより，この「点の集まり」が $y=2x$ のグラフなのです。
でも，実際にグラフをかくときは，点の集まりをかいてはいられません。そこで代表となる点だけを求めて，この点と原点を通る直線をグラフとしているのです。

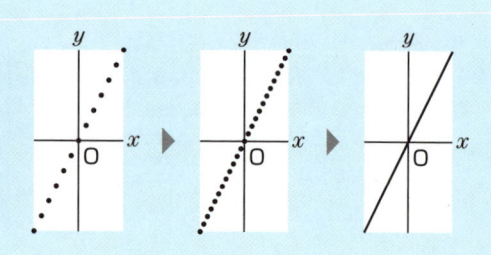

<比例のグラフ>
$y=ax$ のグラフは，**原点を通る直線**です。
・$a>0$ のとき，グラフは右上がり
・$a<0$ のとき，グラフは右下がり

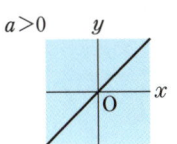

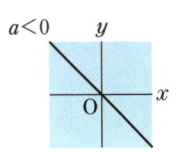

基本練習　→答えは別冊10ページ

次のグラフをかきましょう。

(1) $y=3x$

(2) $y=-2x$

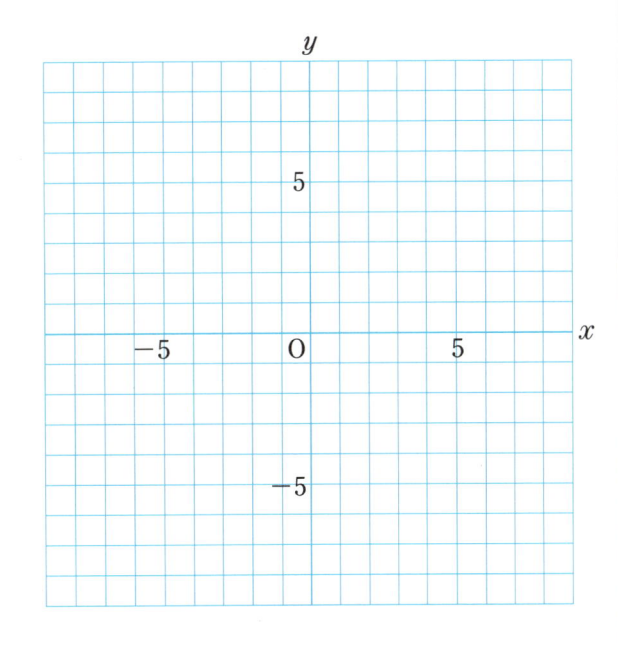

<左ページの問題の答え>
問題1 ❶（左から）
$-6, -4, -2, 0, 2, 4, 6$
❷❸ 右の図
$y=6, (3, 6), (3, 6)$

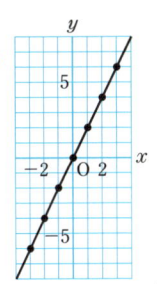

比例定数が分数のときは？

$y=\frac{1}{2}x$ のグラフのかき方を考えてみましょう。

$x=1$ のとき $y=\frac{1}{2}$ なので，グラフは点 $\left(1, \frac{1}{2}\right)$ を通ります。

でも，点 $\left(1, \frac{1}{2}\right)$ を正確にとることはむずかしいですね。

そこで，こんな場合は，x座標，y座標がともに整数であるような点を見つけましょう。

$x=2$ のとき $y=1$ だから，グラフは点 $(2, 1)$ も通りますね。

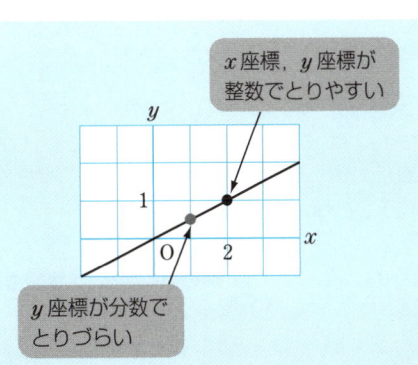

x座標，y座標が整数でとりやすい

y座標が分数でとりづらい

ステップアップ

32 比例のグラフのよみ方

5章 比例と反比例　　　比例のグラフ②

比例のグラフから，その式を求めてみましょう。

> **問題1** 右の図の(1), (2)のグラフは比例のグラフです。それぞれについて，y を x の式で表しましょう。

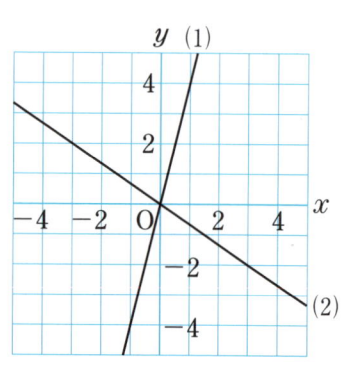

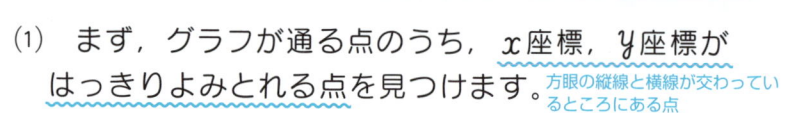

(1) まず，グラフが通る点のうち，<u>x座標，y座標がはっきりよみとれる点</u>を見つけます。方眼の縦線と横線が交わっているところにある点
➡ x座標，y座標がともに整数であるような点

グラフは，点 $(1, \boxed{})$ を通ります。

この点の座標を <u>$y=ax$</u> に代入すると，$\boxed{} = a \times \boxed{}$ ← x座標を x に，y座標を y に代入する。
yはxに比例する

$a = \boxed{}$

したがって，式は，$y = \boxed{}$

(2) (1)と同じように，まず，グラフが通る点を見つけます。

グラフは，点 $(3, \boxed{})$ を通るから，$\boxed{} = a \times \boxed{}$，$a = \boxed{}$

したがって，式は，$y = \boxed{}$

ステップアップ

代入する点の座標はいろいろ！

上の(1)のグラフは，点(1, 4)のほかに(−1, −4)も通っていますね。つまり，点(−1, −4)の座標を $y=ax$ に代入して a の値を求めることもできます。同じように，(2)のグラフは，点(−3, 2)を通っているので，この点の座標を代入してもいいですね。

このように，グラフが通る点のうち，x座標とy座標がともに整数であるような点を見つけることがポイントになります。

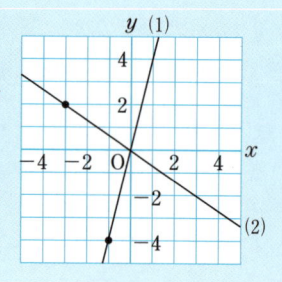

<比例のグラフの式の求め方>
❶ グラフが通る点のうち，x座標，y座標がともに整数であるような点を見つける。
❷ ❶で見つけた点の座標を，$y=ax$に代入して，aの値を求める。
❸ yをxの式で表す。

基本練習

→ 答えは別冊10ページ

右の図の(1)，(2)のグラフは比例のグラフです。それぞれについて，yをxの式で表しましょう。

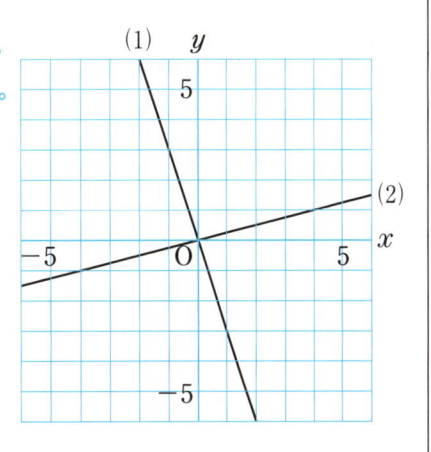

<左ページの問題の答え>
問題1 (1) (1, 4), $4=a×1$, $a=4$, $y=4x$
(2) (3, -2), $-2=a×3$, $a=-\dfrac{2}{3}$, $y=-\dfrac{2}{3}x$

比例定数をさがせ！

$y=ax$のグラフでは，比例定数aはこんなところにかくれています。
つまり，xの値が1のときのyの値をよみとることができれば，その式をかんたんに求めることができます。

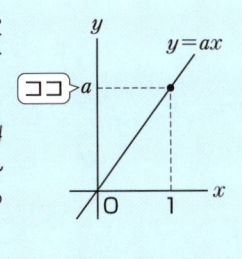

ココ→a

比例定数はどこ？

ステップアップ

33 反比例とは？

5章 比例と反比例　　　　　　　　　　　　反比例

比例ときたら，次は反比例ですね。
まずは，反比例とはどのような関係なのかをおさえておきましょう。

> **問題1** 右の表のxとyの関係について，下の□にあてはまる数を書きましょう。
>
> | x | 1 | 2 | 3 | 4 | 5 | 6 |
> |---|---|---|---|---|---|---|
> | y | 12 | 6 | 4 | 3 | 2.4 | 2 |

比例とのちがいを考えながら，反比例について考えていきましょう。

❶ xの値が2倍，3倍，4倍，…になると，yの値は □，□，□，…になります。

❷ 上下に対応するxとyの値の積xyはどれも □ となり，一定です。
　　↑
　　1×12，2×6，3×4，…

❸ yをxの式で表すと，$y=$ □ となります。

xとyの間に，❶～❸のような関係があるとき，**yはxに反比例する**といいます。
ちなみに，❶，❷は，反比例の性質であり，❸は反比例の式です。

一般に，反比例の関係を表す式は，aを比例定数として，右のように表されます。
反比例の式でも比例定数といいます。
反比例定数とはいいません。

反比例の式
$$y = \frac{a}{x} \leftarrow 比例定数$$

また，比例定数aはxとyの値の積xyと等しくなります。

ステップアップ

反比例の式のもう1つの形

反比例の関係は，2つの量x，yの積xyが一定の数aになる関係と考えると，右のような式で表すこともできます。
つまり，yがxに反比例することを示すときには，この式を導いてもかまいません。

$$xy = a$$
比例定数

どちらでもいいのよ♪
$y = \frac{a}{x}$　$xy = a$

<反比例>
反比例の式 … $y = \dfrac{a}{x}$ （aは定数）

反比例の性質　❶ xの値が2倍，3倍，4倍，…になると，yの値は$\dfrac{1}{2}$，$\dfrac{1}{3}$，$\dfrac{1}{4}$，…になります。
　　　　　　　❷ 対応するx，yの積xyの値は一定で，比例定数aに等しい。

基本練習　→答えは別冊11ページ

次の数量の関係について，yをxの式で表し，yがxに反比例するものには○を，反比例しないものには×を書きましょう。

(1)　180ページある本をxページ読んだときの残りのページ数をyページとします。

(2)　半径がx cmの円の周の長さをy cmとします。ただし，円周率は3.14とします。

(3)　90 cmのリボンをx等分したときの1本分の長さをy cmとします。

(4)　面積が20 cm²の長方形の縦の長さをx cm，横の長さをy cmとします。

<左ページの問題の答え>
問題1　❶ $\dfrac{1}{2}$, $\dfrac{1}{3}$, $\dfrac{1}{4}$　❷ 12　❸ $\dfrac{12}{x}$

負の数までひろげてOK！

反比例の関係についても，比例と同じように，x，yの値や，比例定数を負の数までひろげて考えます。

例　反比例の関係$y = -\dfrac{6}{x}$　◀ $-\dfrac{6}{x} = \dfrac{-6}{x}$と表せるので，比例定数は$-6$

x	…	-6	-5	-4	-3	-2	-1	0	1	2	3	4	5	6	…
y	…	1	1.2	1.5	2	3	6	×	-6	-3	-2	-1.5	-1.2	-1	…

0でわることはできないので，$x=0$に対応するyの値はない。（26ページを見よう）

ステップアップ

34 反比例を表す式

5章 比例と反比例　　反比例の式の求め方

比例の式の求め方の手順は覚えていますね。
反比例の式も同じように考えて求めることができます。

問題 1　yはxに反比例し，$x=3$のとき$y=4$です。yをxの式で表しましょう。また，$x=-2$のときのyの値を求めましょう。

yはxに反比例するから，比例定数をaとすると，$y=\dfrac{a}{x}$とおくことができます。

$x=3$のとき$y=4$だから，$y=\dfrac{a}{x}$に代入して，

$$\square = \dfrac{a}{\square}$$

$$a=\square$$

1組のx，yの値を代入して，aの値を求める。

したがって，式は，$y=\square$

この式に$x=-2$を代入すると，$y=\dfrac{\square}{\square}=\square$

ステップアップ

$xy=a$を使って比例定数を求めよう！

78ページで学習した反比例のもう1つの式
$xy=a$を利用すると，比例定数aをかんたんに求めることができます。
たとえば，上の問題は，
$xy=a$に$x=3$，$y=4$を代入して，$3\times 4=12$
ほら，かんたんに比例定数を求めることができましたね。

$xy=a$　ベンリ

どんどん使おう‼～♪

<反比例の式の求め方>
1. 求める式を $y=\dfrac{a}{x}$ とおく。
2. この式に1組の x, y の値を代入する。
3. a の値を求める。

y は x に反比例 $\Rightarrow$ $y=\dfrac{a}{x}$

基本練習

→ 答えは別冊11ページ

次の問いに答えましょう。

(1) y は x に反比例し，$x=4$ のとき $y=-2$ です。y を x の式で表しましょう。

(2) y は x に反比例し，$x=3$ のとき $y=6$ です。$x=-9$ のときの y の値を求めましょう。

<左ページの問題の答え>

問題1　$4=\dfrac{a}{3}$, $a=12$, $y=\dfrac{12}{x}$, $y=\dfrac{12}{-2}=-6$

反比例の式の表し方の注意点

比例定数が負の数になったら？

$y=-\dfrac{6}{x}$ 〇　　$y=\dfrac{-6}{x}$ ✕

－の符号は分数の前に書く。

「y を x の式で表しなさい」のときは？

$y=\dfrac{6}{x}$ 〇　　$xy=6$ ✕

$y=(x$ の式$)$ の形の式で表す。

「x と y の関係を式で表しなさい」のときは？

$y=\dfrac{6}{x}$ 〇　　$xy=6$ 〇

どちらの形の式で表してもよい。

ステップアップ

35 反比例のグラフのかき方

5章 比例と反比例　　　　　反比例のグラフ①

比例のグラフは原点を通る直線になりましたね。
では，反比例のグラフはどんな形になるでしょうか？

問題1　反比例の関係 $y=\dfrac{6}{x}$ のグラフをかきましょう。

❶ x の値に対応する y の値を求め，下の表を完成させます。

x	…	-6	-5	-4	-3	-2	-1	0	1	2	3	4	5	6	…
y	…	☐	-1.2	-1.5	☐	☐	☐	×	☐	☐	☐	1.5	1.2	☐	…

❷ ❶の表の x，y の値の組を座標とする点をとります。
　まず，点 $\left(1,\ \boxed{}\right)$，$\left(2,\ \boxed{}\right)$，$\left(3,\ \boxed{}\right)$ を
とってみます。
　さらに，残りの点もとっていきましょう。

❸ ❷でとった点は，比例のグラフのような1つの直線上にならんでいませんね。
　そこで，これらの点を通るなめらかな曲線をかきます。

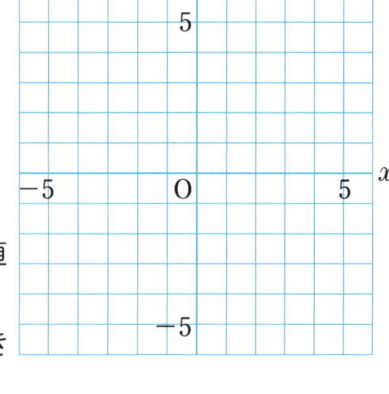

このように，反比例の関係 $y=\dfrac{6}{x}$ のグラフはなめらかな2つの曲線になります。
この曲線のことを**双曲線**(そうきょくせん)といいます。

ステップアップ

比例定数が負の数のグラフは？

$y=-\dfrac{6}{x}$ のグラフをかいてみましょう。

x	…	-6	-5	-4	-3	-2	-1
y	…	1	1.2	1.5	2	3	6

0	1	2	3	4	5	6	…
×	-6	-3	-2	-1.5	-1.2	-1	…

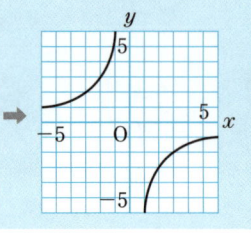

なめらかな曲線だよ

＜反比例のグラフ＞

$y=\dfrac{a}{x}$ のグラフは，なめらかな2つの曲線です。
この曲線を **双曲線** といいます。

$a>0$　　　$a<0$

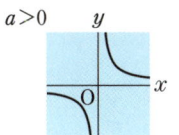

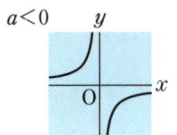

基本練習　→答えは別冊11ページ

次のグラフをかきましょう。

(1) $y=\dfrac{8}{x}$

(2) $y=-\dfrac{9}{x}$

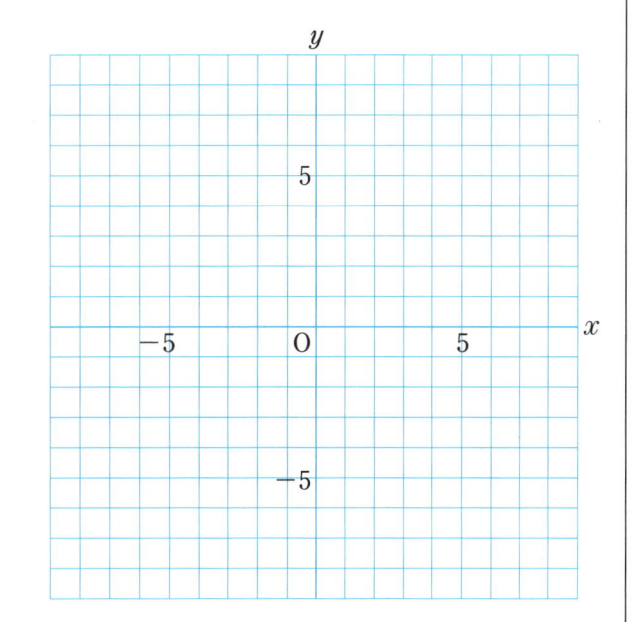

＜左ページの問題の答え＞
問題1 ❶（左から）−1，−2，−3
　　　　　−6, 6, 3, 2, 1
　　　❷　(1, 6), (2, 3), (3, 2)
　　　❷❸　右の図

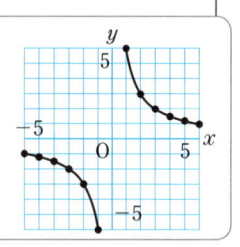

こんなグラフをかいちゃダメ！

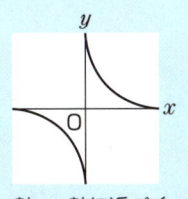

x軸，y軸に近づくが交わらないように。

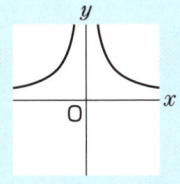

2つの曲線の位置関係に注意すること。

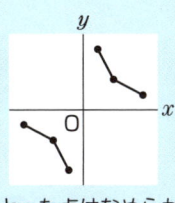

とった点はなめらかな曲線で結ぶこと。

ステップアップ

36 反比例のグラフのよみ方

5章 比例と反比例　　反比例のグラフ②

反比例のグラフから，その式を求める方法について考えてみましょう。

問題1　右の図の(1)，(2)のグラフは反比例のグラフです。それぞれについて，y を x の式で表しましょう。

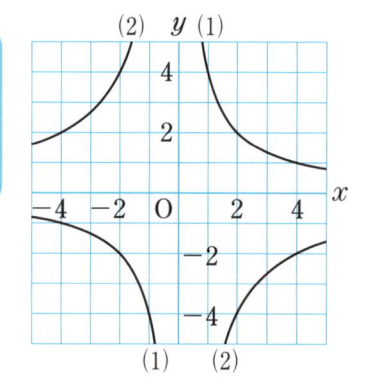

76ページで，比例のグラフから式を求めたときと同じように考えればいいですね。

(1) グラフは，点 $(1, \boxed{})$ を通ります。
　　↑ 点(2, 2)，(4, 1)なども通る。

　この点の座標を $y=\dfrac{a}{x}$ に代入すると，$\boxed{}=\dfrac{a}{\boxed{}}$，$a=\boxed{}$
　（y は x に反比例する）

　したがって，式は，$y=\boxed{}$

(2) グラフは，点 $(2, \boxed{})$ を通ります。← 点(4, −2)，(−2, 4)，(−4, 2)なども通る。

　この点の座標を $y=\dfrac{a}{x}$ に代入すると，$\boxed{}=\dfrac{a}{\boxed{}}$，$a=\boxed{}$

　したがって，式は，$y=\boxed{}$

ステップアップ

比例定数の符号はひと目でわかる！

$y=\dfrac{a}{x}$ のグラフは，2つの曲線が，右の図の
・Ⅰ，Ⅲの部分にあれば，$a>0$
・Ⅱ，Ⅳの部分にあれば，$a<0$
です。
これを知っておけば，比例定数の符号のまちがいは防げますね。

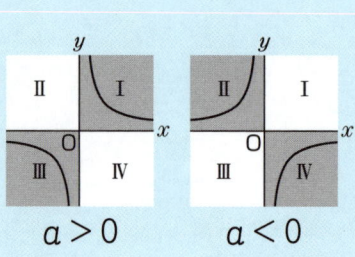

ばしょによってひと目でわかるよ

<反比例のグラフの式の求め方>
1. グラフが通る点のうち，x座標，y座標がともに整数であるような点を見つける。
2. 1で見つけた点の座標を，$y=\dfrac{a}{x}$に代入して，aの値を求める。
3. yをxの式で表す。

基本練習 → 答えは別冊11ページ

右の図の(1), (2)のグラフは反比例のグラフです。それぞれについて，yをxの式で表しましょう。

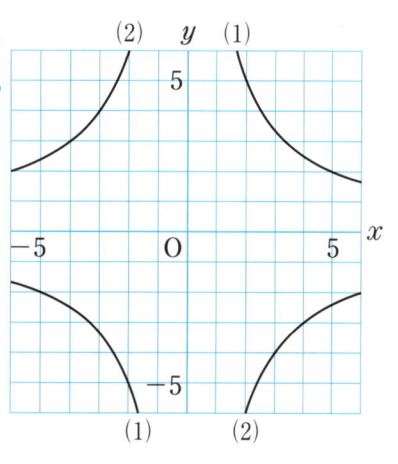

<左ページの問題の答え>
問題1 (1) (1, 4), $4=\dfrac{a}{1}$, $a=4$, $y=\dfrac{4}{x}$
(2) (2, -4), $-4=\dfrac{a}{2}$, $a=-8$, $y=-\dfrac{8}{x}$

増加と減少

比例の関係 $y=ax$ と反比例の関係 $y=\dfrac{a}{x}$ の増減のようすは，グラフで見るとわかりやすいですよ。

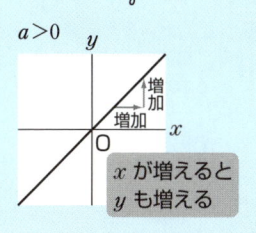

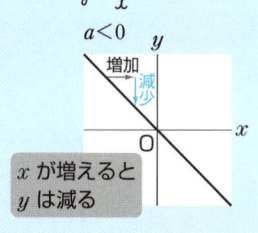

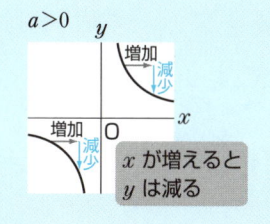

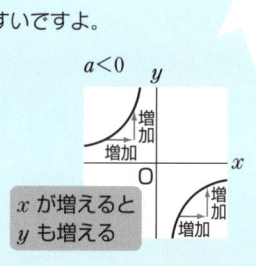

$a>0$: xが増えるとyも増える
$a<0$: xが増えるとyは減る
$a>0$: xが増えるとyは減る
$a<0$: xが増えるとyも増える

ステップアップ

085

復習テスト

5章 比例と反比例

答えは別冊12ページ
得点 /100点

1

次の数量の関係について，y を x の式で表し，y が x に比例するものには○を，反比例するものには△を，どちらでもないものには×を書きましょう。　【各5点 計20点】

(1) $x\ell$ の水を6等分したときの1つ分の水の量を $y\ell$ とします。

(2) 60kmの道のりを，時速 x km で進んだときにかかる時間を y 時間とします。

(3) 120ℓ の水が入っている水そうから，毎分5ℓ の割合で x 分間排水するときの，水そうの中の水の量を $y\ell$ とします。

(4) 底辺が x cm，高さが18cmの三角形の面積を y cm^2 とします。

2

次の問いに答えましょう。　【各5点 計20点】

(1) y は x に比例し，$x=6$ のとき $y=3$ です。y を x の式で表しましょう。また，$x=-8$ のときの y の値を求めましょう。

(2) y は x に反比例し，$x=-4$ のとき $y=6$ です。y を x の式で表しましょう。また，$x=2$ のときの y の値を求めましょう。

3

次の問いに答えましょう。　【各5点 計20点】

(1) 右の図で，点A，Bの座標を答えましょう。

(2) 右の図に，座標が次のような点をかき入れましょう。
　　P(3, -2)，Q(-4, -6)

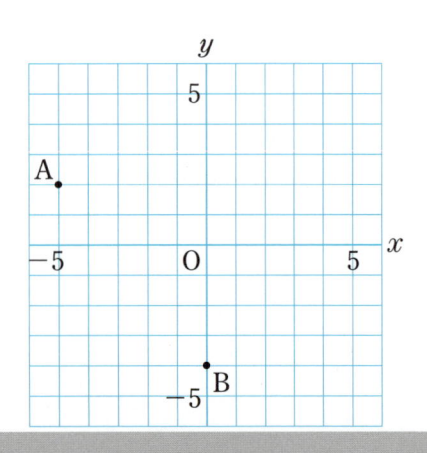

4 次のグラフをかきましょう。

【各7点 計28点】

(1) $y=5x$

(2) $y=-\dfrac{1}{3}x$

(3) $y=\dfrac{4}{x}$

(4) $y=-\dfrac{12}{x}$

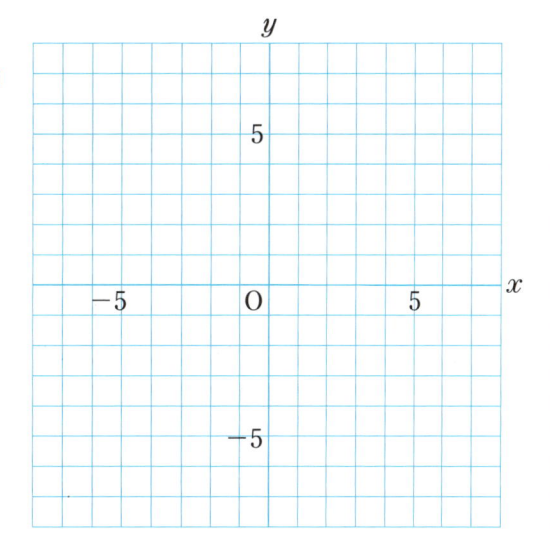

5 右の図で，(1)は比例のグラフ，(2)は反比例のグラフです。それぞれについて，y を x の式で表しましょう。

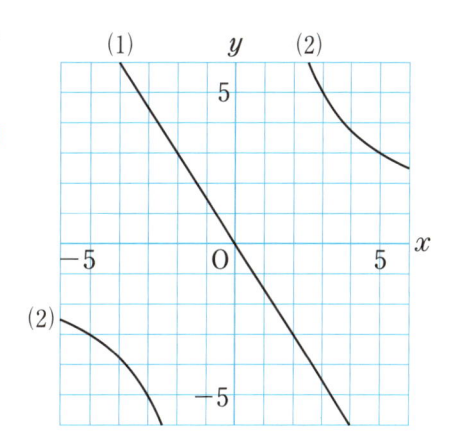

【各6点 計12点】

関数って何？

自然数とその自然数の約数の個数の関係について考えてみましょう。
ある自然数 x の約数の個数を y 個とすると，

- 4の約数は1, 2, 4 → 約数の個数は3個 ➡ x が決まると y は1つに決まる。
  x y
- 約数が3個の自然数 → 4, 9, 25, … ➡ y が決まっても x は1つには決まらない。
  y x

この「1つに決まる」か「1つには決まらない」かが，「関数である」か「関数でない」かの決め手になります。

関数とは　ともなって変わる2つの数量 x, y があって，x の値を決めると，y の値もただ1つに決まるとき，y は x の関数であるといいます。

上の例では，y は x の関数ですが，x は y の関数ではありませんね。

ボクは1ぴき(x)の時足は8ぽん(y)と1つに決まってるよ

ステップアップ

37 線対称な図形

6章 平面図形

線対称な図形

1つの直線を折り目として折り返すとき，両側の部分がぴったり重なりあう平面図形を**線対称な図形**といい，折り目となる直線を**対称の軸**といいます。
線対称な図形について考えていきましょう。

問題1 右の図は線対称な図形で，直線ℓは対称の軸です。図を見て，次の□にあてはまるものを書きましょう。

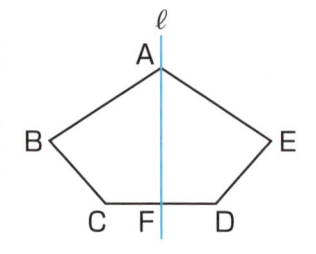

(1) 辺ABに対応する辺は，対称の軸ℓで折ったとき，辺ABと重なりあう辺だから，辺□です。

また，∠ABCに対応する角は，∠□です。

↑
角は，その頂点をまん中にして，記号∠を使って表します。
∠ABCは，∠CBAと表すこともできます。
また，他の角とまぎらわしくないときは，∠Bと表してもよいです。

> 重なりあう点…対応する点
> 重なりあう辺…対応する辺
> 重なりあう角…対応する角
> 対応する辺や角は，対応する頂点の順に書きます。

(2) 線対称な図形では，対応する点を結ぶ線分は，対称の軸によって垂直に2等分されるから，

　　CF = □　，CD □ AF

と表せます。

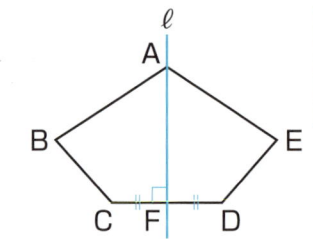

線対称な図形の性質

> 垂直と平行の表し方
> 直線ℓとmが垂直…ℓ⊥m
> 直線ℓとmが平行…ℓ∥m

これより，CF = 3cmのとき，

CD = □ cmになります。

ステップアップ

直線，線分，半直線のちがいは？

小学校では，まっすぐな線はすべて直線としましたが，中学では，次の3つを区別してあつかいます。

直線…両方向に限りなくのびているまっすぐな線　　→　直線AB

線分…直線の一部で，両端のあるもの　　→　線分AB

半直線…1点を端として一方だけにのびているまっすぐな線　　→　半直線AB

＜線対称な図形＞
1つの直線を折り目として折り返すとき、両側の部分がぴったり重なりあう平面図形。

＜線対称な図形の性質＞
対応する点を結ぶ線分は、対称の軸によって垂直に2等分されます。

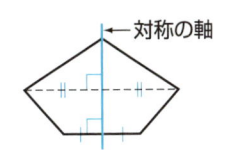

基本練習 →答えは別冊12ページ

右下の図は線対称な図形で、直線ℓは対称の軸です。次の問いに答えましょう。

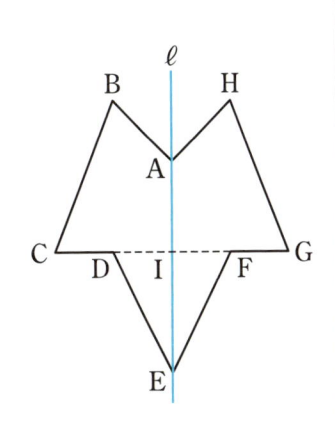

(1) 辺BCに対応する辺はどれですか。

(2) ∠Gと等しい角はどれですか。

(3) DF=8cm のとき、線分DIの長さは何cmですか。

(4) 線分AEと線分CGとの関係を記号を使って表しましょう。

＜左ページの問題の答え＞
問題1 (1) AE、∠AED
(2) CF=DF、CD⊥AF、6

対称の軸は1本だけ？

線対称な図形の中には、対称の軸が何本かあるものもあります。

対称の軸は2本　対称の軸は3本 　対称の軸は4本

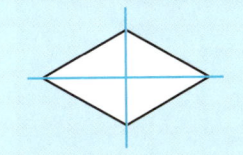

キレイに重なり合うよ

ステップアップ

38 点対称な図形

6章 平面図形

点対称な図形

1つの点を中心として180°回転させたとき，もとの図形とぴったり重なりあう平面図形を**点対称な図形**といい，回転の中心となる点を**対称の中心**といいます。点対称な図形について考えていきましょう。

問題1 右の図は点対称な図形で，点Oは対称の中心です。図を見て，次の□にあてはまるものを書きましょう。

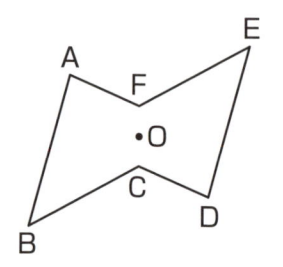

(1) 点Aに対応する点は，点Oを中心として　□°　回転させたとき，点Aと重なりあう点だから，点　□　です。

辺BCに対応する辺は，辺　□　です。

また，∠DEFと等しい角は，∠DEFと対応する角なので，∠　□　です。
↑対応する頂点の順に書きます。

(2) 点対称な図形では，対応する点を結ぶ線分は，対称の中心を通り，対称の中心によって2等分されるから，　　　　　点対称な図形の性質

AO ＝ □ ， BO ＝ □ ， CO ＝ □

これより，BE＝12cmのとき，OE＝□cmになります。

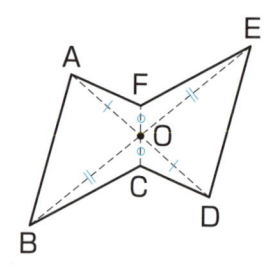

ステップアップ

対称の中心はこうして見つけよう！

点対称な図形の対称の中心は，対応する2点を結ぶ線分の交点です。

右の図は点対称な図形です。
対称の中心は，対応する2点AとD，BとEを結ぶ線分AD，BEの交点Oになります。

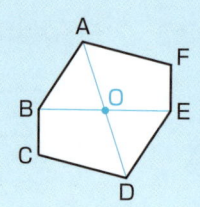

わ，点対称！

ブワッ
ピカー

<点対称な図形>
1つの点を中心として180°回転させたとき，もとの図形とぴったり重なりあう平面図形。 ー 対称の中心

<点対称な図形の性質>
対応する点を結ぶ線分は，対称の中心を通り，対称の中心によって2等分されます。

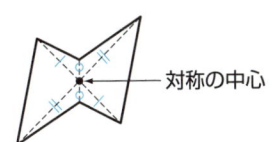

基本練習　→答えは別冊12ページ

右下の図は点対称な図形で，点Oは対称の中心です。次の問いに答えましょう。

(1) 点Cに対応する点はどれですか。

(2) ∠Eに対応する角はどれですか。

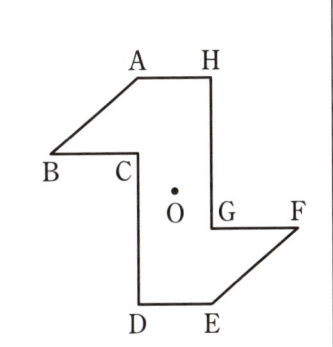

(3) 辺EFと等しい辺はどれですか。

(4) OF=5cm のとき，線分BFの長さは何cmですか。

<左ページの問題の答え>
問題1 (1) 180°, D, EF, ∠ABC
(2) DO, EO, FO, 6

反比例のグラフは点対称！

反比例のグラフは双曲線でしたね。このグラフは，原点Oを対称の中心とする点対称な図形です。
このことから，グラフ上の点$P(p, q)$に対応する点Qをとると，点Qの座標は，点Pのx座標，y座標の符号を変えた$(-p, -q)$になります。

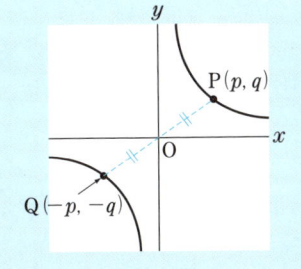

回転しても同じカタチ！

ステップアップ

39 円とおうぎ形

6章 平面図形

円とおうぎ形

円やおうぎ形について考えていきましょう。

問題1　右の図を見て、次の□にあてはまることばを書きましょう。

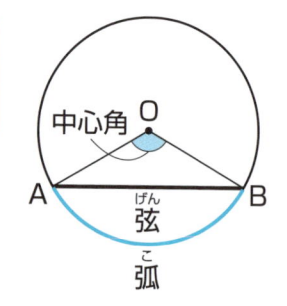

(1) 円周上の2点AからBまでの円周の部分を、□ABといい、記号を使って、$\overset{\frown}{AB}$と表します。
（小さい部分と大きい部分の2つあるが、ふつう、小さいほうを示します。）

(2) 円周上の2点A、Bを結ぶ線分を、□ABといいます。

(3) ∠AOBを$\overset{\frown}{AB}$に対する□といいます。　← また、$\overset{\frown}{AB}$を中心角∠AOBに対する弧といいます。

問題2　右の図の色のついた部分の図形について、次の□にあてはまることばを書きましょう。

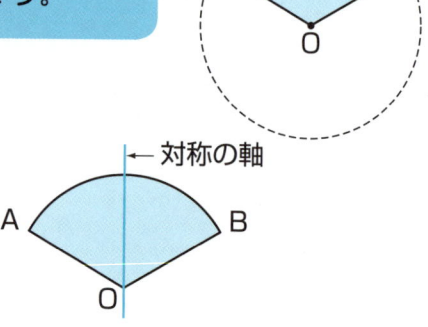

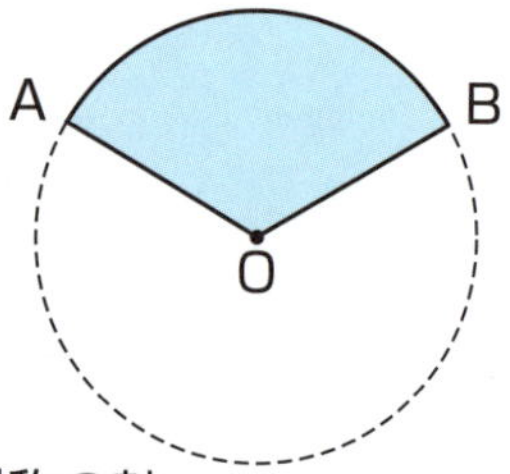

(1) この図形を□OABといいます。
また、∠AOBを□といいます。

(2) この図形は□対称な図形です。

ステップアップ

円と対称

円は、線対称な図形であり、点対称な図形でもあります。
- 線対称な図形とみると…直径が対称の軸であり、これは無数にあります。
- 点対称な図形とみると…円の中心が対称の中心になります。

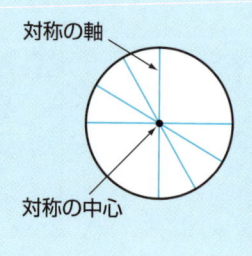

対称の軸を入れよう〜

<円> <おうぎ形>

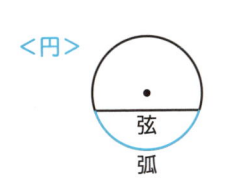

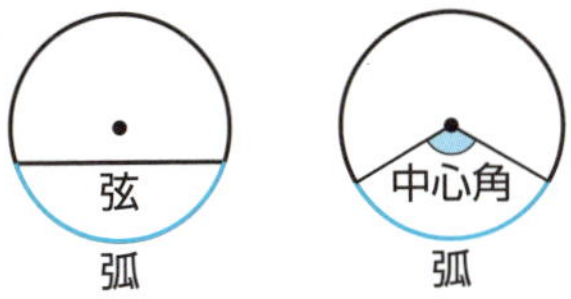

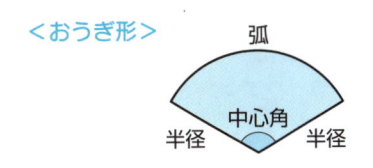

基本練習 →答えは別冊12ページ

右下の図で，●のついた6つの角はすべて等しい大きさです。次の□にあてはまるものを書きましょう。

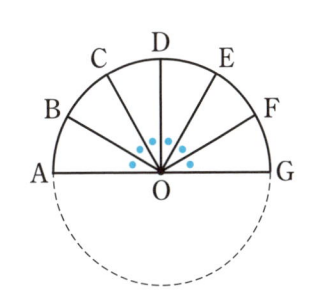

(1) おうぎ形OABを点Oを中心にして回転すると，おうぎ形OBCとぴったり重なりあいます。

　このことから，1つの円で，等しい中心角に対する□の長さは等しくなります。

(2) (1)より，$\stackrel{\frown}{AB}$ と $\stackrel{\frown}{BC}$ の関係を式で表すと，$\stackrel{\frown}{AB}$ □ $\stackrel{\frown}{BC}$

(3) $\stackrel{\frown}{BG}$ の長さは，$\stackrel{\frown}{AB}$ の長さの□倍です。

　これを式で表すと，□

(4) $\stackrel{\frown}{AC}$ と $\stackrel{\frown}{AG}$ の関係を式で表すと，$\stackrel{\frown}{AG}$ =□

<左ページの問題の答え>
問題1 (1) 弧　(2) 弦　(3) 中心角
問題2 (1) おうぎ形，中心角　(2) 線

接線って何？

右の図のように，直線ℓが円Oの円周上の1点Aで出あうとき，

- 直線ℓは円Oに **接する**
- 直線ℓを円Oの **接線** といいます。
- 点Aを **接点**

円の接線は接点を通る半径に垂直です。

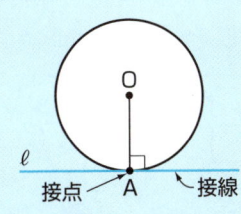

これも接線

ステップアップ

40 多角形とは？

6章 平面図形　　　　　　　　　　　　　　　　　　　多角形

三角形や四角形のように，いくつかの線分で囲まれた図形を**多角形**といいます。多角形について考えてみましょう。

問題1　正多角形について，次の□にあてはまることばを書きましょう。

(1) 下の㋐〜㋓のように，多角形のうちで，□の長さがすべて等しく，□の大きさがすべて等しいものを**正多角形**といいます。

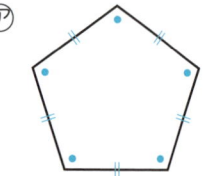

　　　　　　　　　　　　どちらか一方だけでは正多角形とはいえません。

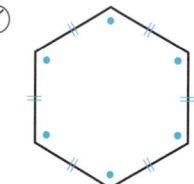

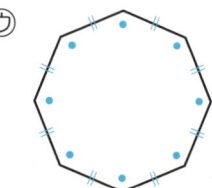

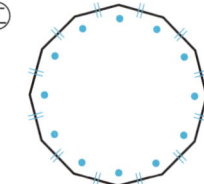

㋐ ㋑ ㋒ ㋓

(2) 上の正多角形の名前を答えましょう。

㋐ □　　㋑ □　　㋒ □　　㋓ □

(3) すべての正多角形は，□対称な図形です。

　また，正多角形のうちで，頂点の数が偶数のものは，□対称な図形でもあります。

ステップアップ　正多角形の対称の軸は何本？

正多角形の対称の軸の数は，その頂点の数に等しくなります。つまり，正n角形の対称の軸はn本です。

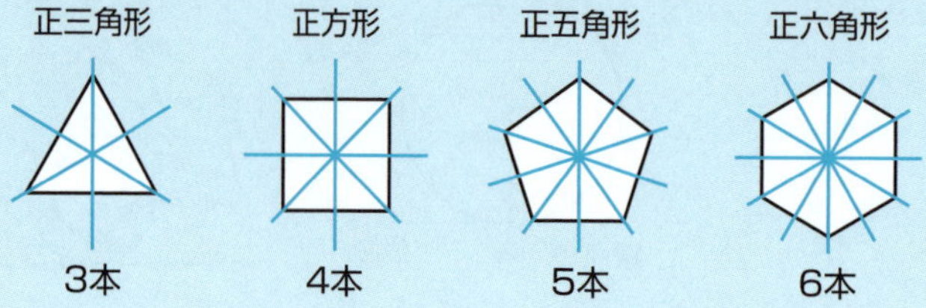

正三角形	正方形	正五角形	正六角形
3本	4本	5本	6本

<正多角形>
辺の長さがすべて等しく，角の大きさがすべて等しい多角形を正多角形といいます。
すべての正多角形は線対称な図形であり，そのうち，頂点の数が偶数のものは点対称な図形でもあります。

基本練習　→答えは別冊13ページ

次の㋐〜㋔の図形について，下の問いに答えましょう。
㋐　正三角形　㋑　正五角形　㋒　正六角形　㋓　正八角形　㋔　正九角形

(1) 線対称な図形であるが，点対称な図形でないものはどれですか。

(2) 線対称な図形であり，点対称な図形でもあるものはどれですか。

(3) ㋐の図形の対称の軸は何本ですか。

(4) 対称の軸がいちばん多い図形はどれですか。

<左ページの問題の答え>
問題1　(1) 辺，角
　　　(2) ㋐正五角形　㋑正六角形　㋒正八角形　㋓正十二角形
　　　(3) 線，点

正多角形はどうやってかくの？

正多角形は，円を利用して，円の中心のまわりの角を等分する半径をひいてかくことができます。

<正六角形のかき方>
円の中心のまわりの角は360°だから，これを6等分します。
360°÷6＝60°より，円の中心から60°おきに半径をひき，この半径と円周との交点を順に結びます。

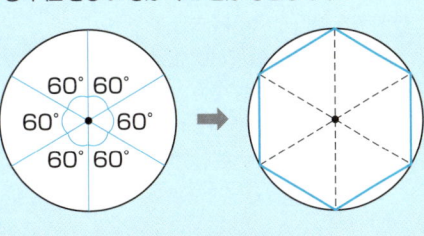

ステップアップ

41 基本の作図①

6章 平面図形　　　　　　　　　　　　　　　垂線の作図

2つの直線が垂直であるとき，一方の直線を他方の直線の**垂線**といいます。

問題1　直線ℓ上にない点Pから直線ℓへの垂線を作図しましょう。

作図では，道具として，[　　　]と[　　　]だけを使うことができます。
　　　　　　　　　　　　　↑　　　　　↑
　　　　　　　　　　　　直線をひく。　円をかく。
　　　　　　　　　　　　　　　　　　線分の長さをうつしとる。

説明にしたがって，定規とコンパスで作図の線をかき入れていきましょう。

垂線の作図(1)

❶ 点Pを中心として，直線ℓに交わる円をかき，ℓとの交点をA, Bとします。
❷ 点A, Bを中心として，等しい半径の円をかき，その交点の1つをCとします。
❸ 直線PCをひきます。

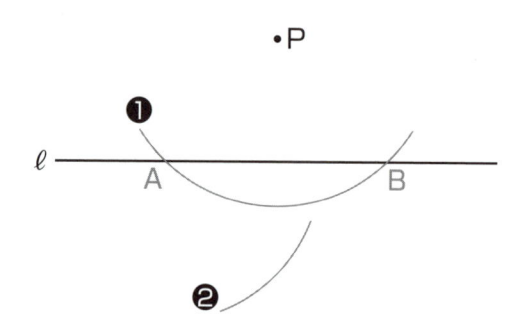

垂線の作図(2)

❶ 直線ℓ上に適当な点D, Eをとります。
❷ 点D, Eをそれぞれ中心として，半径DP, EPの円をかきます。
❸ ❷でかいた2つの円の交点のうち，Pでないほうの点をQとし，直線PQをひきます。

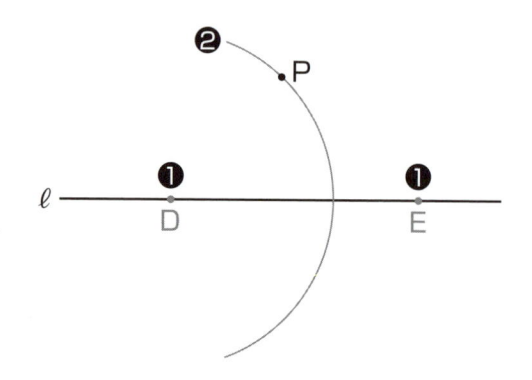

作図のルールを守ろうね！

作図は，次のルールをしっかり守ってきれいにかきましょう。
・分度器を使ってはいけません。
　また，定規は直線をひくためだけに使います。定規で長さをはかってはいけません。
・作図をするときに使った線は，どのように作図したかがわかるように，消さずに残しておきましょう。

ステップアップ

<垂線の作図>

点Pから直線ℓへの垂線の作図には，右のような2通りのしかたがあります。どちらで作図してもかまいません。

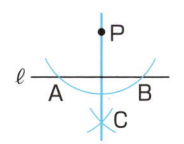

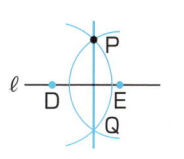

基本練習 → 答えは別冊13ページ

次の作図をしましょう。

(1) 点Aから直線 ℓ への垂線

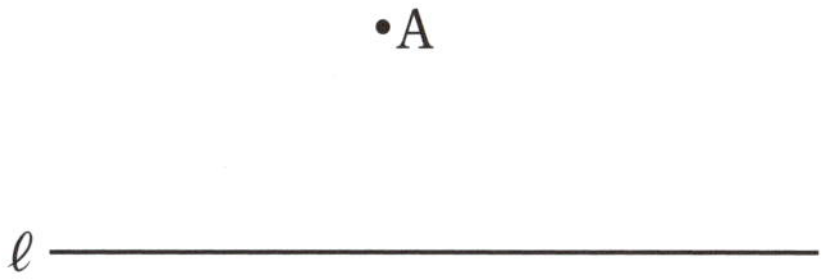

(2) △ABC で，頂点Bから辺 AC への垂線と頂点Cから辺 AB への垂線の交点P

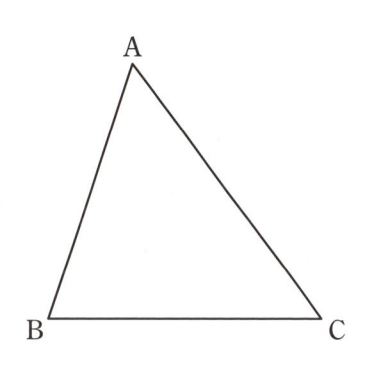

<左ページの問題の答え>
問題1 定規，コンパス

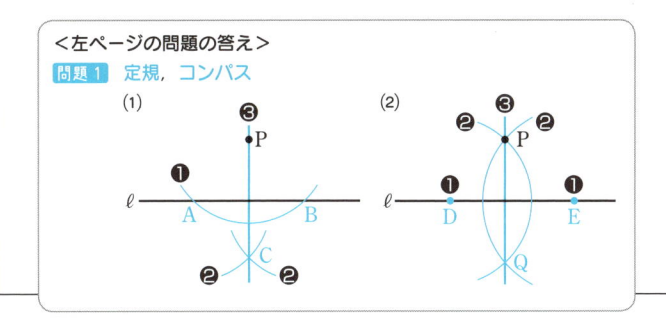

垂線ってどんなことを表せるの？

点と直線の距離

点Aと直線ℓとの距離 → 垂線AHの長さ

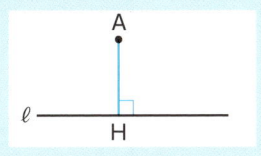

三角形の高さ

△ABCで，辺BCを底辺とするときの高さ

→ 垂線AKの長さ

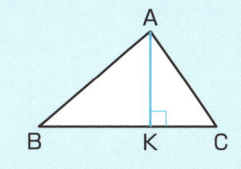

ステップアップ

42 基本の作図②

6章 平面図形　　垂直二等分線，角の二等分線の作図

線分のまん中の点を**中点**といいます。中点を通り，その線分に垂直な直線を**垂直二等分線**といいます。線分の垂直二等分線の作図のしかたを考えてみましょう。

問題1　線分ABの垂直二等分線を作図しましょう。

❶　点Aを中心として円をかきます。
❷　点Bを中心として，❶の円と等しい半径の円をかき，❶の円との交点をC, Dとします。
❸　直線CDをひきます。

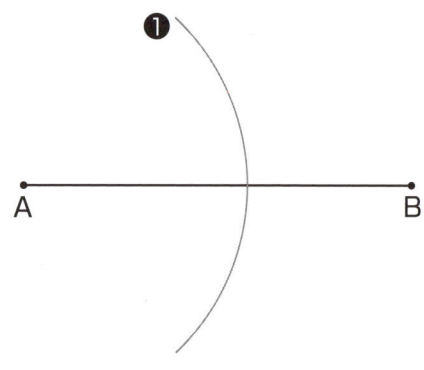

1つの角を2等分する半直線を**角の二等分線**といいます。
次の角の二等分線を作図してみましょう。

問題2　∠AOBの二等分線を作図しましょう。

❶　頂点Oを中心として円をかき，辺OA, OBとの交点をそれぞれ点C, Dとします。
❷　点C, Dを中心として等しい半径の円をかき，その交点をEとします。
❸　半直線OEをひきます。

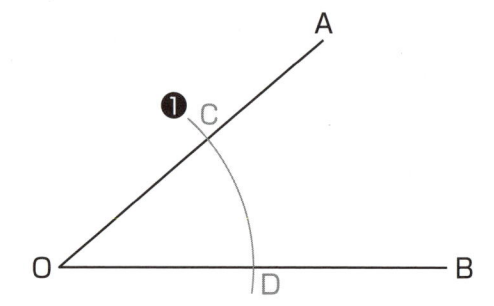

ステップアップ

垂直二等分線，角の二等分線は対称の軸！

線分ABの垂直二等分線ℓは線分ABの対称の軸になります。
これより，ℓ上の点Pは，2点A, Bから等しい距離にあります。

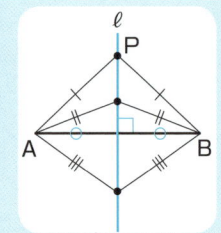

∠AOBの二等分線mは，∠AOBの対称の軸になります。
これより，m上の点Pは，2辺OA, OBから等しい距離にあります。

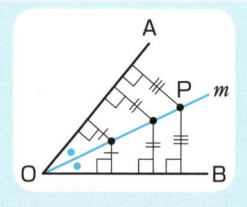

<垂直二等分線の作図>

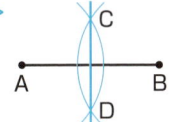

<角の二等分線の作図>

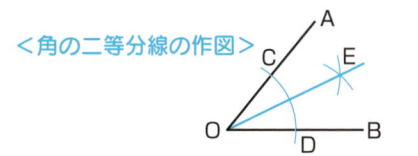

基 本 練 習 →答えは別冊13ページ

次の作図をしましょう。

(1) 線分ABの垂直二等分線

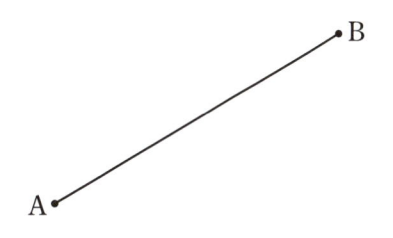

(2) ∠ABCの二等分線と辺ACとの交点P

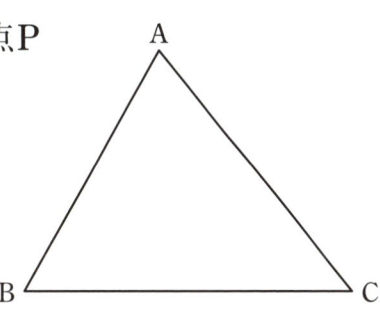

<左ページの問題の答え>
問題1
問題2

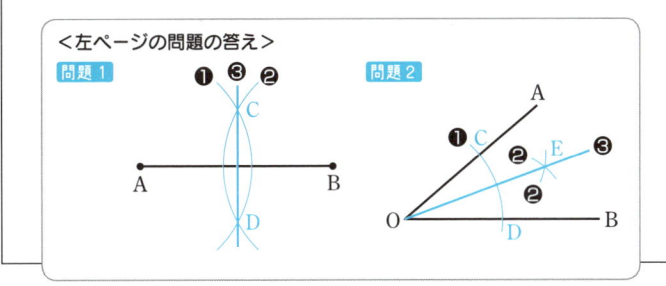

角の二等分線で垂線がかけるの？

右の図で，線分AB上の点Oを通るABの垂線は，どのようにしてかけばよいでしょう？
線分ABを∠AOB＝180°の角とみると，∠AOBの二等分線を作図すれば，線分ABの垂線になりますね。

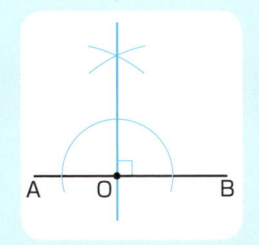

直線は,180°の角だと思おう!

ステップアップ

43 作図を利用した問題

6章 平面図形　　　　　　　　　　　作図の利用

いろいろな図形の性質を考えながら，垂線，垂直二等分線，角の二等分線の作図のうち，どの作図を利用すればよいのかを見きわめましょう。

問題1　線分の中点を作図しましょう。

線分の [　　　　　] は，その線分の中点を通ることを利用します。

では，右の図の線分ABを使って，線分ABの中点Mを作図してみましょう。

A────────B

問題2　45°の大きさの角を作図しましょう。

45°の角は，90°の角の半分の大きさの角です。

そこで，まず，90°の角をかき，その角の [　　　　　] を作図すればいいですね。

では，右の図の線分ABを使って，次の❶，❷の順に，45°の角∠PABを作図してみましょう。

❶　点Aを通る直線ABの垂線ACを作図します。
❷　∠CABの二等分線PAを作図します。

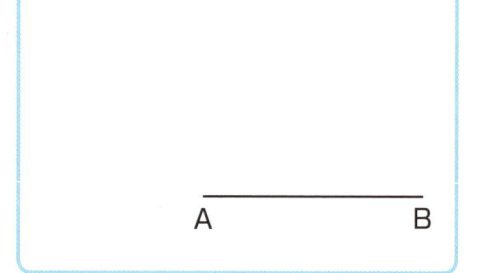

A────────B

ステップアップ

30°の角はこうすればかける！

30°の角は，60°の角の半分の大きさなので，まず，60°の角をかき，この角の二等分線を作図します。
60°の角は，正三角形の1つの角の大きさが60°であることを利用してかくことができますよ。

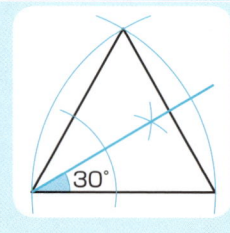

<作図の利用>

垂線…点と直線の距離，三角形の高さ，円の接線などの作図に利用できます。
垂直二等分線…線分の中点，線対称な図形の対称の軸，2点から等しい距離にある点などの作図に利用できます。
角の二等分線…30°や45°の角，2辺から等しい距離にある点などの作図に利用できます。

基本練習

→ 答えは別冊13ページ

次の作図をしましょう。

(1) 右の図の △ABC で，辺 BC を底辺とみたときの高さ AH

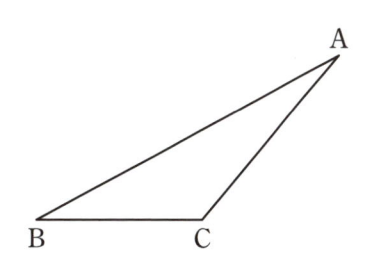

(2) 右の図のような線対称な図形の対称の軸

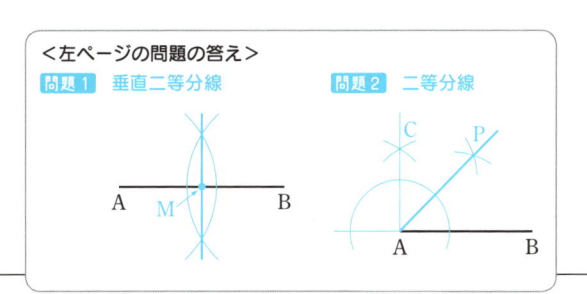

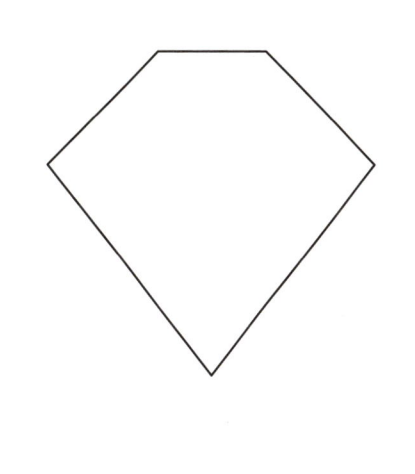

<左ページの問題の答え>
問題1 垂直二等分線
問題2 二等分線

円の接線は垂線を作図！

右の図で，点Aを接点とする円Oの接線はどのように作図すればよいでしょう？
円の接線は接点を通る半径に垂直である（93ページを見よう）ことを利用します。
つまり，点Aを通る直線OAの垂線を作図すればいいですね。

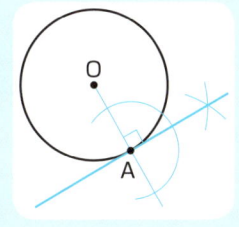

44 円やおうぎ形の長さと面積

6章 平面図形　　円とおうぎ形の計量

小学校では，円周率を3.14として計算しましたね。中学では，これをギリシャ文字のπ(パイ)を使って表します。

問題1
半径 r の円の円周の長さ ℓ と面積 S を，π や r を使って表しましょう。

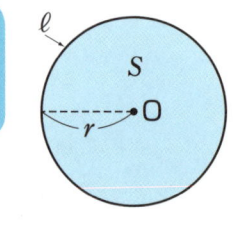

円周の長さ… $\ell=$ □ = □
（半径×2×円周率）

面積… $S=$ □ = □
（半径×半径×円周率）

→ 表し方は，数 → π → π以外の文字の順に書きます。

と表せます。

次は，おうぎ形の弧の長さと面積の求め方について考えてみましょう。

問題2
右の図のおうぎ形の弧の長さと面積を求めましょう。

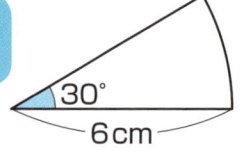

（30°, 6cm）

おうぎ形の弧の長さと面積の公式にあてはめて計算すると，
弧の長さは，

$2\pi \times$ □ $\times$ □ = □ (cm)

面積は，

$\pi \times$ □^{2} $\times$ □ = □ (cm²)

となります。

おうぎ形の弧の長さと面積
半径 r，中心角 $a°$ のおうぎ形の弧の長さを ℓ，面積を S とすると，

$$\ell = 2\pi r \times \frac{a}{360}$$

$$S = \pi r^2 \times \frac{a}{360}$$

ステップアップ

$\frac{a}{360}$ が表すものは？

おうぎ形の弧の長さや面積は，それぞれ，もとの円の円周の長さや面積のどれだけにあたるか，を考えて求めます。

おうぎ形の弧の長さ＝もとの円の円周× $\frac{a}{360}$

おうぎ形の面積＝もとの円の面積× $\frac{a}{360}$

この「どれだけにあたるか」を表す数が $\frac{a}{360}$ なのです。

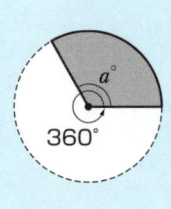

＜おうぎ形の弧の長さと面積＞

半径 r，中心角 $a°$ のおうぎ形の弧の長さを ℓ，面積を S とすると，

$$\ell = 2\pi r \times \frac{a}{360} \qquad S = \pi r^2 \times \frac{a}{360}$$

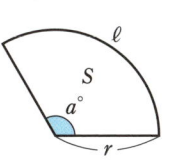

基本練習　→答えは別冊14ページ

右の円の円周の長さと面積を求めましょう。

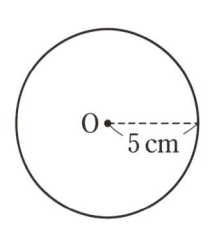

次のおうぎ形の弧の長さと面積を求めましょう。

(1) 8 cm

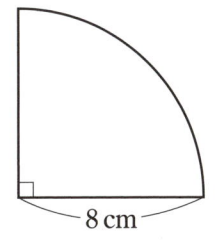

(2) 240°　9 cm

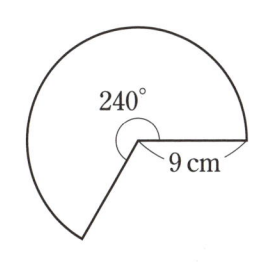

＜左ページの問題の答え＞

問題1　$\ell = r \times 2 \times \pi = 2\pi r$
　　　　$S = r \times r \times \pi = \pi r^2$

問題2　弧の長さは，$2\pi \times 6 \times \dfrac{30}{360} = \pi$ (cm)

　　　　面積は，$\pi \times 6^2 \times \dfrac{30}{360} = 3\pi$ (cm²)

おうぎ形の面積のもう1つの公式

おうぎ形の面積は，実は，中心角がわからなくても，弧の長さと半径がわかれば，次の公式で求めることができます。

半径 r，弧の長さ ℓ のおうぎ形の面積 S は，

$$S = \frac{1}{2}\ell r$$

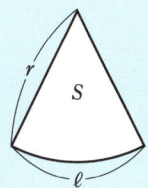

おうぎ形　$S = \frac{1}{2}\ell r$　　三角形　$S = \frac{1}{2}ah$

三角形の面積とよく似てるね

ステップアップ

復習テスト

6章 平面図形

答えは別冊14ページ
得点 /100点

1
右の図は線対称な図形で，直線 ℓ は対称の軸です。次の問いに答えましょう。　【各6点　計18点】

(1) 辺 CD に対応する辺はどれですか。

(2) 線分 AE と線分 CG との関係を記号を使って表しましょう。

(3) CI＝5 cm のとき，線分 CG の長さは何 cm ですか。

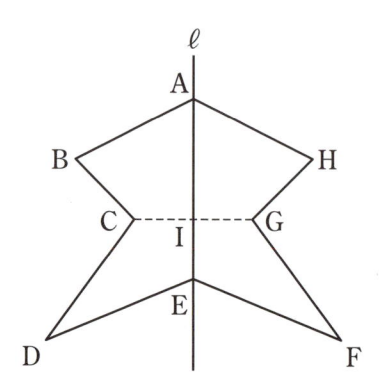

2
右の図は点対称な図形で，点 O は対称の中心です。次の問いに答えましょう。　【各6点　計18点】

(1) 辺 BC に対応する辺はどれですか。

(2) ∠F と等しい角はどれですか。

(3) DH＝14 cm のとき，線分 OH の長さは何 cm ですか。

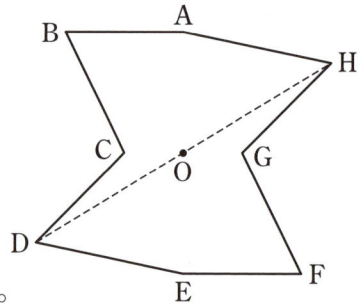

3
右のア～エの正多角形について，下の表にまとめます。正多角形の名前，対称の軸の数，点対称な図形であるものには○を，そうでないものには×を書きましょう。

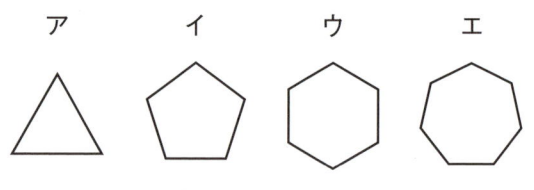

【各2点　計24点】

	名前	対称の軸の数	点対称な図形
ア			
イ			
ウ			
エ			

4 次の作図をしましょう。 【各10点　計20点】

(1) 下の図の △ABC で，点 A を通る辺 BC の垂線と ∠B の二等分線の交点 P

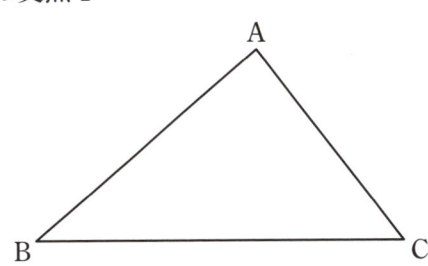

(2) 下の図の 3 点 A，B，C を通る円 O

5 次のおうぎ形の弧の長さと面積を求めましょう。 【各5点　計20点】

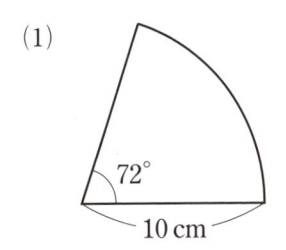

(1) 72°，10 cm

(2) 225°，4 cm

図形の移し方は？

図形を，形や大きさを変えずに他の位置に動かすことを **移動**(いどう) といいます。
移動には，次の 3 つがあります。

①図形を一定の方向に，一定の距離だけずらす **平行移動**(へいこういどう)

②図形を 1 つの点を中心として，一定の角度だけ回転させる **回転移動**(かいてんいどう)

③図形を 1 つの直線を折り目として折り返す **対称移動**(たいしょういどう)

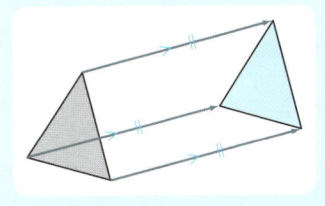

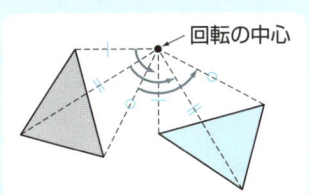

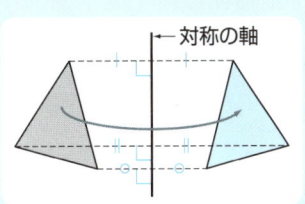

ステップアップ

45 いろいろな立体

7章 空間図形　　　　　　　　　　　　　　　　　　いろいろな立体

小学校で学習した直方体や立方体，角柱や円柱のような立体を **空間図形**（くうかん）といいます。空間図形について考えてみましょう。

問題1
次のア〜カの立体について，下の□にあてはまることばや記号を書きましょう。

ア　イ　ウ　エ　オ　カ

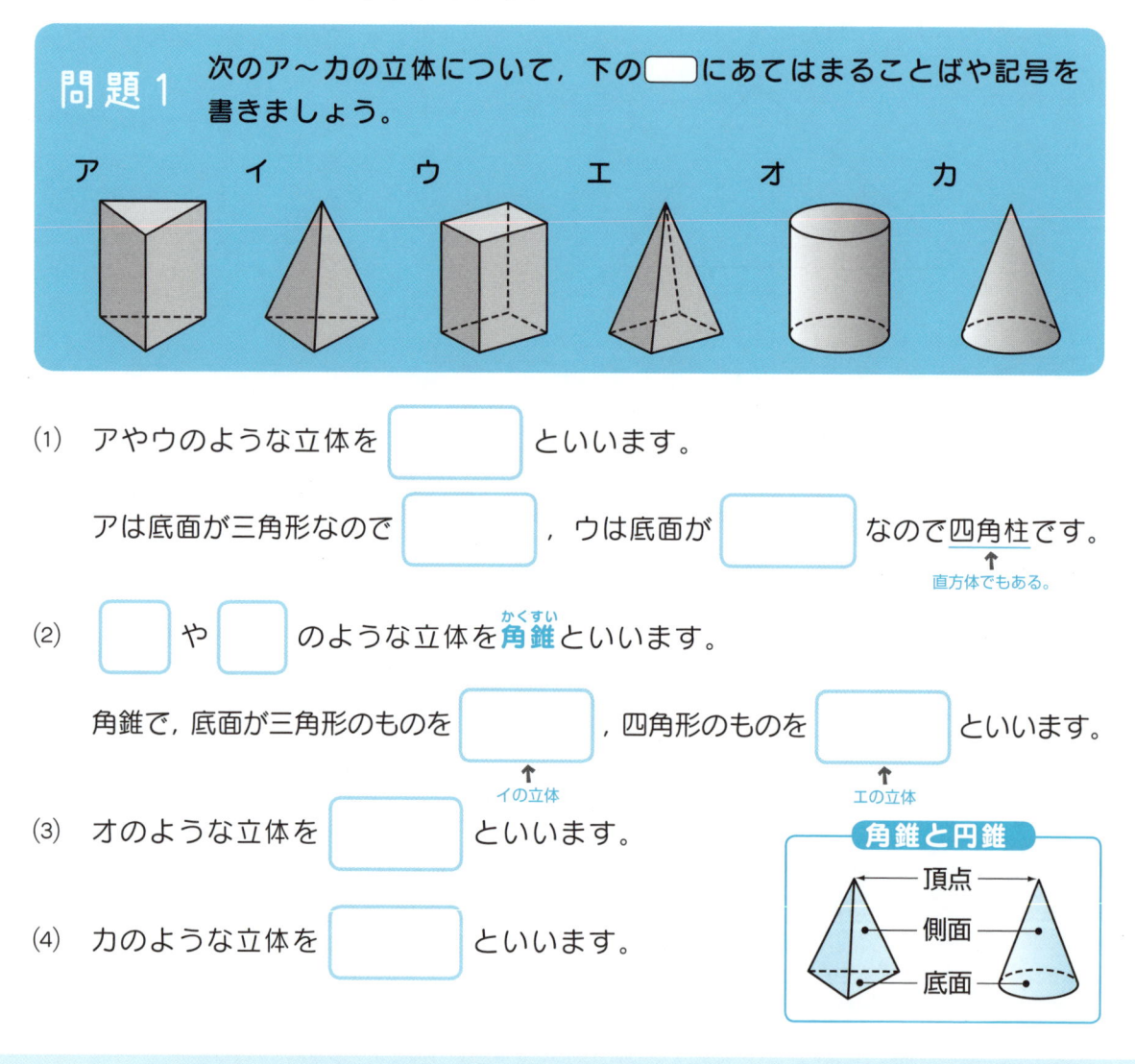

(1) アやウのような立体を □ といいます。

　　アは底面が三角形なので □，ウは底面が □ なので四角柱です。
　　　　　　　　　　　　　　　　　　　　　　　　　↑
　　　　　　　　　　　　　　　　　　　　　　　直方体でもある。

(2) □ や □ のような立体を **角錐**（かくすい）といいます。

　　角錐で，底面が三角形のものを □，四角形のものを □ といいます。
　　　　　　　　　　　　　　　　　　↑　　　　　　　　　　　　　↑
　　　　　　　　　　　　　　　　イの立体　　　　　　　　　　エの立体

(3) オのような立体を □ といいます。

(4) カのような立体を □ といいます。

角錐と円錐
― 頂点
― 側面
― 底面

ステップアップ

底面が正多角形ならば？

角柱のうちで，底面が正○角形のものを正○角柱といいます。たとえば，底面が正三角形ならば正三角柱，正方形ならば正四角柱になります。

また，角錐のうちで，底面が正○角形のものを正○角錐といいます。これもまた，底面が正三角形ならば正三角錐，正方形ならば正四角錐になります。

底面の正多角形によって名前が決まるよ

<いろいろな立体>
角柱　　円柱　　角錐　　円錐

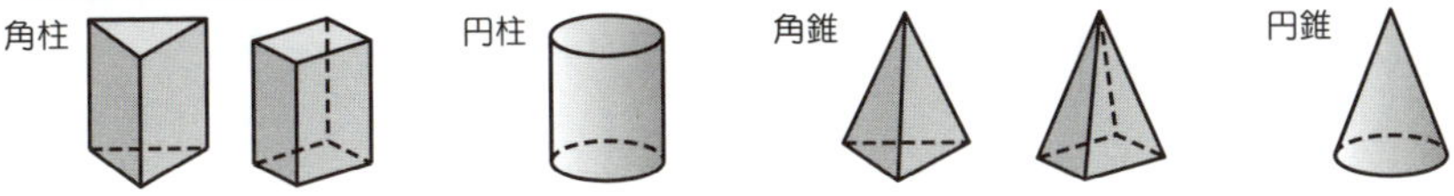

基本練習　→答えは別冊14ページ

立体の辺や面についてまとめます。左ページのア～エの立体を見て，下の表のあいているところにあてはまる数やことばを書きましょう。

	三角柱	四角柱	三角錐	四角錐
辺の数				
面の数				
底面の形				
側面の形				

右の立体について，次の問いに答えましょう。

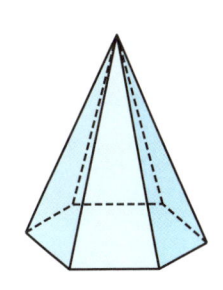

(1) 何という立体ですか。

(2) 底面の形はどんな図形ですか。

(3) 側面の数はいくつですか。

<左ページの問題の答え>
問題1　(1) 角柱，三角柱，四角形
(2) イ，エ，三角錐，四角錐
(3) 円柱　　(4) 円錐

この世に5つだけ！　美しい立体　正多面体

角柱や角錐のように，平面だけで囲まれた立体を**多面体**といいます。
たとえば，三角柱は5つの面で囲まれているので五面体です。

多面体のうち，次の2つの性質をもち，へこみのないものを**正多面体**といいます。
・どの面もすべて合同な正多角形
・どの頂点にも面が同じ数だけ集まっている
正多面体は，右の5種類しか存在しません。
規則正しく，美しい立体ですね。

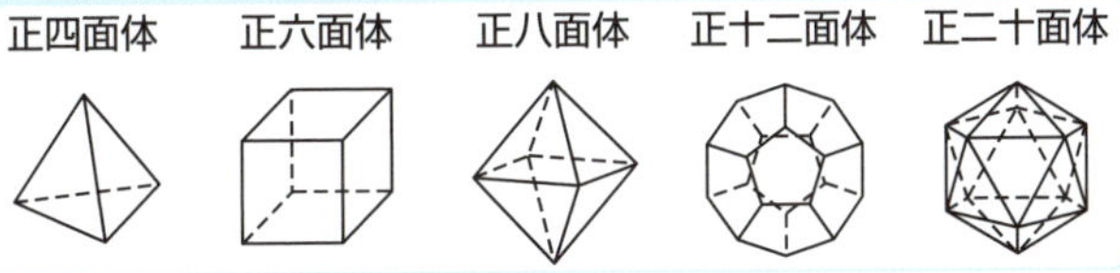

正四面体　正六面体　正八面体　正十二面体　正二十面体

ステップアップ

46 直線や平面の平行・垂直

7章 空間図形　　直線や平面の位置関係

　小学校では、立体の辺や面の関係について学習しましたね。
　中学では、空間内での直線や平面の位置関係について考えます。直線はかぎりなくのびているもの、平面はかぎりなく広がっているものですよ。

> **問題1** 右の図の直方体で、辺を直線、面を平面と見て、□にあてはまる記号を書きましょう。

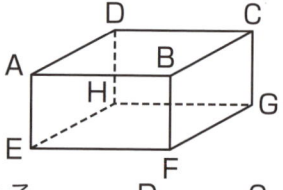

(1) 直線ABと平行な直線は、直線DC、□、□ です。

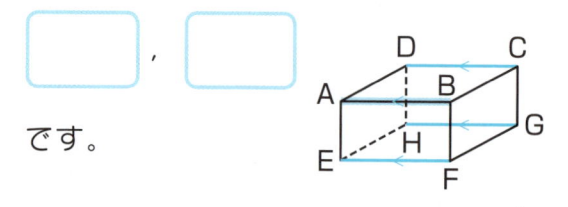

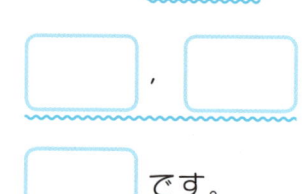

(2) 直線ABと交わる直線は、直線AD、□、□、□ です。

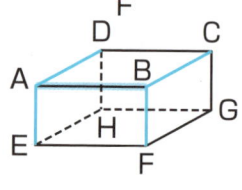

※直線ABと交わる直線は、どれも直線ABとのつくる角が90°なので垂直に交わります。

(3) (1)にも、(2)にもあてはまらない直線は、直線ABと平行でなく、交わらない直線です。このような直線を、直線ABと**ねじれの位置にある**といいます。
　よって、直線ABとねじれの位置にある直線は、直線EH、□、□、□ です。

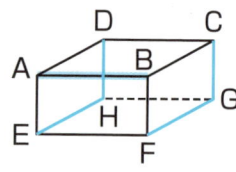

(4) 平面ABCDと平行な直線は、直線EF、□、□、□ です。

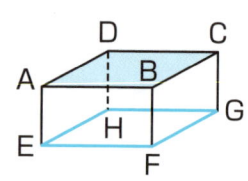

ステップアップ

直線はかぎりなくのび、平面はかぎりなく広がる！

　右の図で、直線AEと直線BFはどんな位置関係にあるでしょう？
　一見、ねじれの位置にあるように見えますが、AEをAのほうに、BFをBのほうに、それぞれのばしていくと…、2つの直線は交わりますね。
　また、直線BFと平面AEHDも、それぞれのばしていくと交わることがわかります。
　このように、「直線はかぎりなくのびている」「平面はかぎりなく広がっている」ことを忘れないようにしましょう。

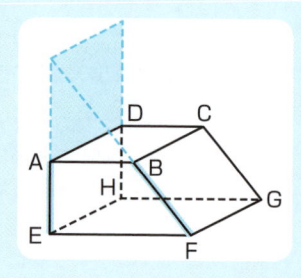

<直線と直線の位置関係>　　　　　　　<直線と平面の位置関係>

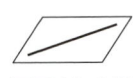

交わる 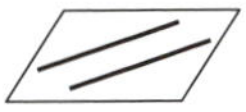　　平行 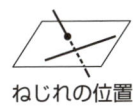　　ねじれの位置　　平面上にある 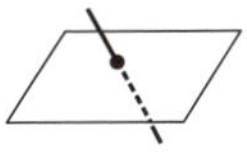　　交わる 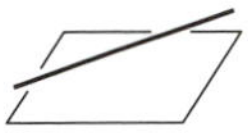　　平行

基本練習 → 答えは別冊14ページ

右下の図の三角柱で，辺を直線，面を平面と見て，次の問いに答えましょう。

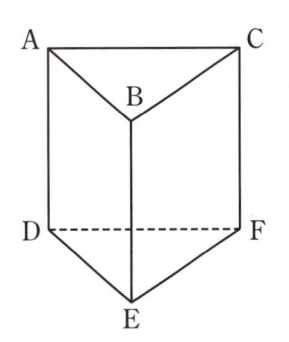

(1) 直線 AD と平行な直線はどれですか。

(2) 直線 AD と垂直な直線はどれですか。

(3) 直線 AD とねじれの位置にある直線はどれですか。

(4) 直線 AD と平行な平面はどれですか。

(5) 平面 ADEB と交わる直線はどれですか。

<左ページの問題の答え>
問題1　(1) EF, HG　(2) AE, BC, BF
　　　　(3) DH, FG, CG　(4) FG, HG, EH

直線と平面の垂直

平面Pと点Hで交わる直線AHが，その交点Hを通る平面P上の2直線 m, n に垂直であるとき，直線AHと平面Pは垂直であるといいます。
また，線分AHの長さを，**点Aと平面Pとの距離**といいます。

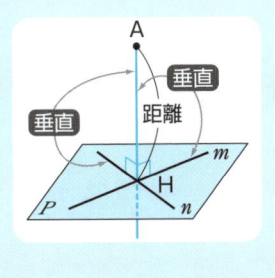

ステップアップ

47 平面と平面の平行・垂直

7章 空間図形 / 平面と平面の位置関係

ここでは，空間内の平面と平面の位置関係について考えてみましょう。

問題1 右の図の三角柱で，面を平面と見て，□にあてはまる記号やことばを書きましょう。

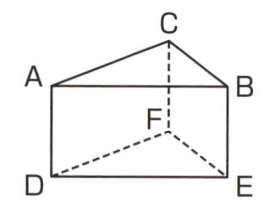

(1) 平面ABCと平行な平面は，
　　　　　交わらない2つの平面

平面 □ です。

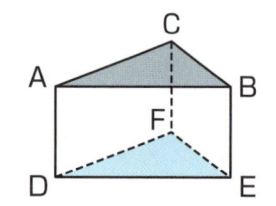

(2) 平面ABCと交わる平面は，平面

□ ， □ ， □

です。

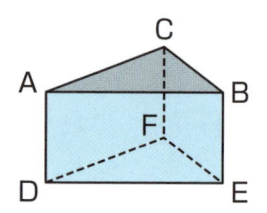

また，2つの平面が交わるとき，その交わりは □ になります。

(3) 平面ADFCは，ほかのどの4つの面とも交わっています。
このうち，平面ADFCと垂直な平面は，平面ADFCと90°で交わる平面なので，

平面 □ ， □

です。

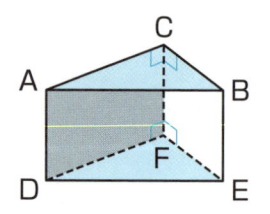

平面の垂直

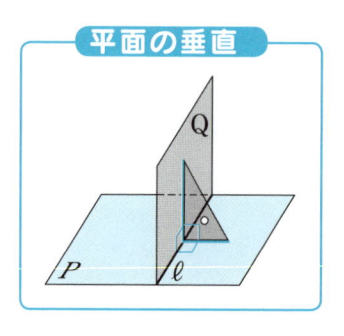

ステップアップ

3点あれば平面は決まる！

1点を通る直線は無数にありますが，2点を通る直線は1つだけ。

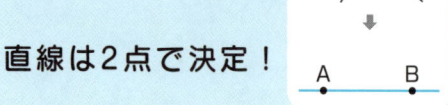

直線は2点で決定！

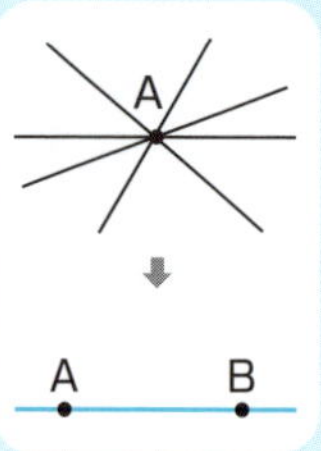

1点または2点を通る平面は無数にありますが，同じ直線上にない3点を通る平面は1つだけ。

平面は3点で決定！

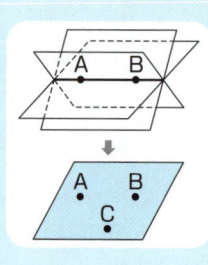

<平面と平面の位置関係>
2平面の位置関係は，右の2つの場合があります。

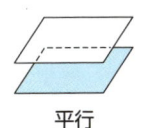

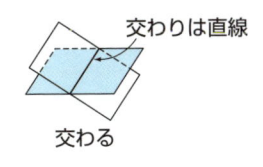

平行　　　交わりは直線　　　交わる

基本練習　→答えは別冊15ページ

右下の図は，直方体を2つに分けてできた三角柱です。次の問いに答えましょう。

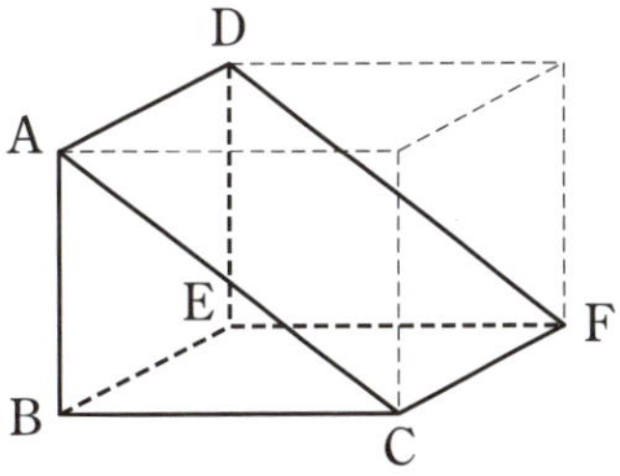

(1) 平面 ABC と平行な平面はどれですか。

(2) 平面 ABC と交わる平面はどれですか。

(3) 平面 BCFE と垂直な平面はどれですか。

(4) 平面 ACFD と垂直な平面はどれですか。

<左ページの問題の答え>
問題1 (1) DEF
　　　 (2) ADEB，ADFC，CFEB，直線
　　　 (3) ABC，DEF

平面と平面の距離はどこをはかるの？

2平面P，Qが平行であるとき，平面P，Qの垂線とそれぞれの平面との交点をA，Bとします。このとき，線分ABの長さを，**平面Pと平面Qの距離**といいます。

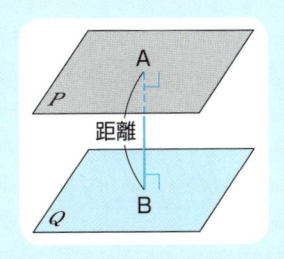

2つの面の距離はココだ

ステップアップ

48 面を動かしてできる立体

7章 空間図形　　　　　　　　　　　　　　　　　面の動きと立体

まず，面を平行に動かしてできる立体について考えてみましょう。

問題1 三角形や円を，その面と垂直な方向に平行に動かすと，どんな立体ができるでしょうか。

- 三角形を動かすと，□ができます。 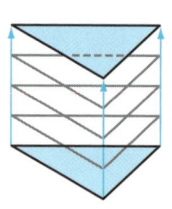
- 円を動かすと，□ができます。

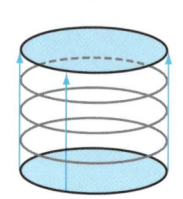

このように，角柱や円柱は，多角形や円を，その面と□な方向に，□に動かしてできる立体とみることができます。

次は，面を1回転させてできる立体です。

問題2 右の直角三角形を，直線ℓを軸として1回転させてできる立体について答えましょう。

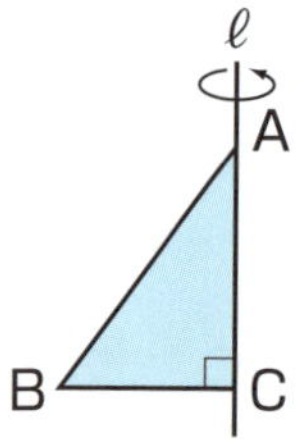

(1) できる立体は□です。

(2) 側面をえがく辺ABを□といいます。

(3) このように，平面図形を1つの直線を軸として1回転させてできる立体を□といいます。

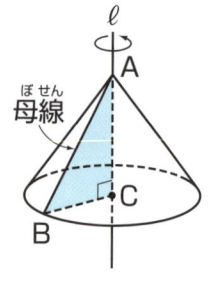

ステップアップ

点や線が動くと何になる？

点が動くと**線**になります。　　　**線**が動くと**面**になります。

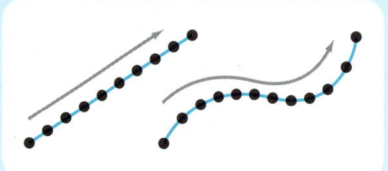

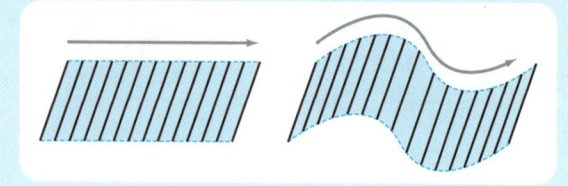

<面を平行に動かしてできる立体>
多角形や円を，その面と垂直な方向に，平行に動かすと，角柱や円柱ができます。

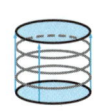

<回転体>
平面図形を，1つの直線を軸として1回転させてできる立体です。

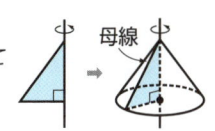

母線

基本練習 → 答えは別冊15ページ

次の図形を，直線ℓを軸として1回転させると，どんな立体ができますか。
見取図をかいて，立体の名前を答えましょう。

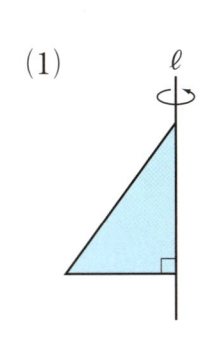

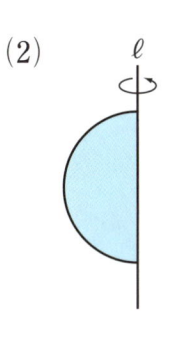

(1) 　　　　ℓ　　　　見取図

(2) 　　　　ℓ　　　　見取図

次の図形を，直線ℓを軸として1回転させてできる立体の見取図をかきましょう。

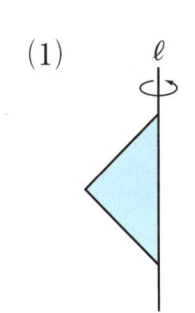

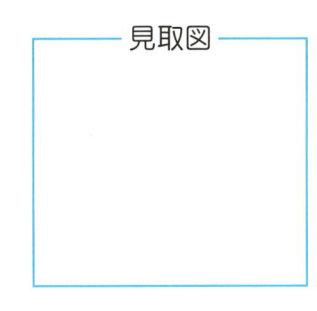

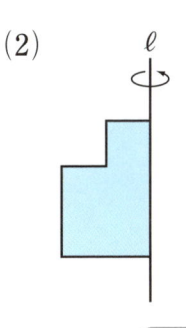

(1) 　　　　ℓ　　　　見取図

(2) 　　　　ℓ　　　　見取図

<左ページの問題の答え>
問題1　三角柱，円柱，垂直，平行
問題2　(1) 円錐　　(2) 母線　　(3) 回転体

軸が変われば回転体も変わる！

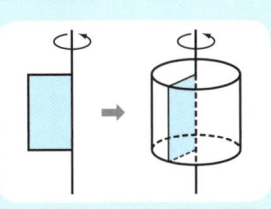

縦の辺を軸にすると？

横の辺を軸にすると？

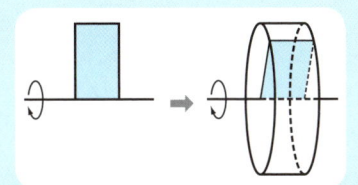

軸からはなれると？

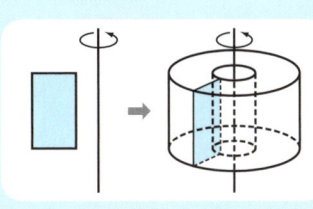

ステップアップ

49 角柱・円柱の展開図

7章 空間図形　　　角柱・円柱の展開図

立体を切り開いて，平面上に広げた図を **展開図** といいますね。
まず，角柱の展開図について考えてみましょう。

問題1　右の三角柱の展開図をかいてみましょう。

(1) 右下の図は，展開図の一部をかいたものです。つづきをかいて，展開図を完成させましょう。ただし，方眼の1目もりは1cmとします。

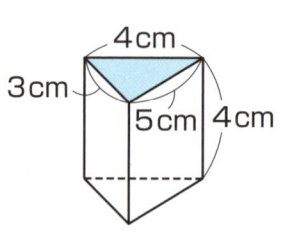

(2) この展開図で，側面の長方形の縦の長さは（三角柱の高さ）

□ cm，横の長さは □ cmです。
（底面の周の長さに等しい。）

問題2　右の円柱の展開図について考えてみましょう。

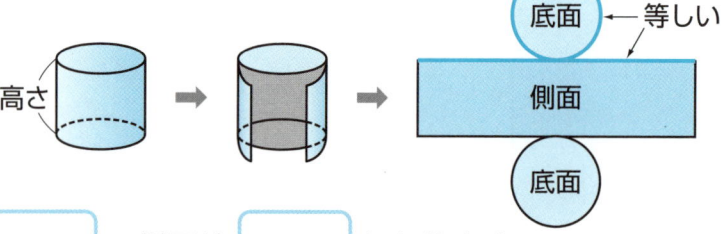

円柱の展開図で，底面は □，側面は □ になります。

側面の長方形の縦の長さは，円柱の □ と等しく，横の長さは，

底面の □ の長さと等しくなります。

ステップアップ

わたしの「高さ」はどこでしょう？

角柱や円柱の高さは，1つの底面からもう1つの底面にひいた垂線の長さです。

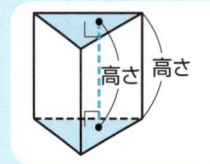

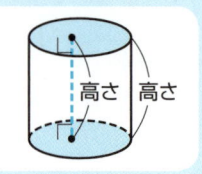

角錐や円錐の高さは，頂点から底面にひいた垂線の長さです。

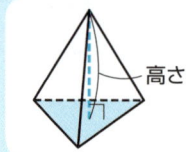

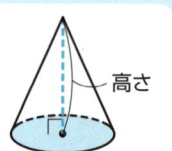

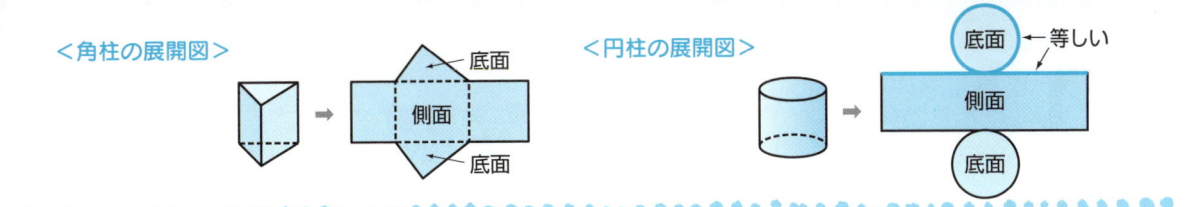

<角柱の展開図>　　　　　　　　<円柱の展開図>

基 本 練 習   → 答えは別冊15ページ

右の円柱の展開図について，次の問いに答えましょう。

(1) 展開図で，底面の円の直径を求めましょう。

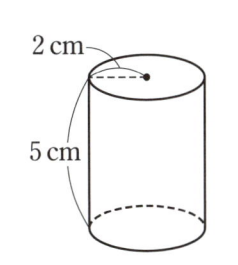

2 cm
5 cm

(2) 展開図で，側面の長方形の縦の長さと横の長さを求めましょう。
ただし，円周率は3とします。

(3) 展開図をかきましょう。

<左ページの問題の答え>
問題1　(1) 右の図
　　　　(2) 4, 12
問題2　円, 長方形, 高さ, (円の)円周

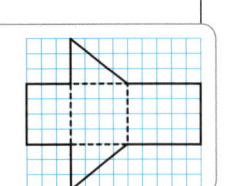

重なりあうから等しい！

右の円柱の展開図を組み立てると，底面の円周と辺ADは重なりますね。
　だから，辺ADの長さは円周の長さと等しくなり，AD＝2πcm と求められます。

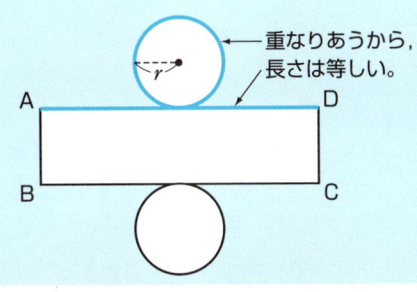

重なりあうから，長さは等しい。

ステップアップ

50 角錐・円錐の展開図

7章 空間図形　　　　　　　　　　　　　　　角錐・円錐の展開図

角錐，円錐の展開図について考えてみましょう。

問題1　正四角錐，円錐の展開図について，☐にあてはまることばを書きましょう。

(1) 正四角錐の展開図は，

底面が ☐ ，

側面が4つの合同な ☐

になります。

ふつう，角錐の展開図は，底面が多角形，側面が ☐ になり，側面の数は，底面の多角形の辺の数と等しくなります。

(2) 円錐の展開図は，

底面が ☐ ，

側面が ☐

になります。

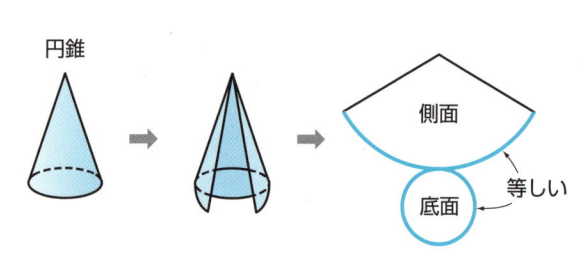

円錐の展開図を組み立てると，側面のおうぎ形の ☐ と底面の ☐ は重なりあうので，この2つの部分の長さは等しくなります。

ステップアップ

おうぎ形の半径は？

円錐の展開図で，側面のおうぎ形の半径は，円錐の母線の長さと等しくなります。
おうぎ形の半径を，円錐の高さと等しいとかんちがいするミスが多いので，注意しましょう。

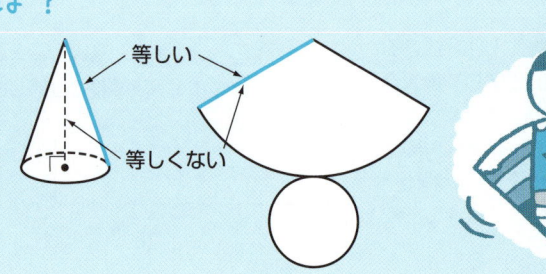

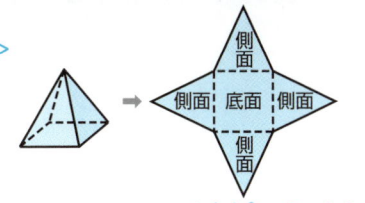

<角錐の展開図> <円錐の展開図>

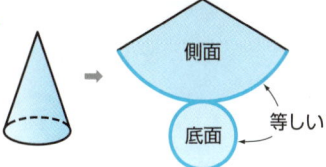

基本練習 → 答えは別冊15ページ

下の図は，円錐とその展開図です。次の問いに答えましょう。ただし，円周率は π とします。

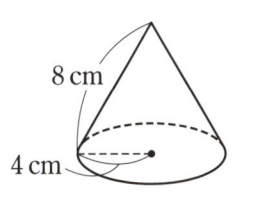

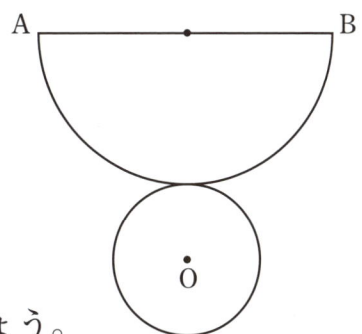

8 cm
4 cm

A　　　　　B

O

(1) 線分 AB の長さを求めましょう。

(2) 円Oの円周の長さを求めましょう。

(3) $\overgroup{AB}$ の長さを求めましょう。

<左ページの問題の答え>
問題1 (1) 正方形，二等辺三角形，三角形
(2) 円，おうぎ形，弧，円周

影を表した図

円錐に，正面から光を当てると二等辺三角形の影ができます。また，真上から光を当てると円の影ができます。それぞれの影の形は，円錐を正面と真上から見た形を表しています。
このように，立体を正面から見た形を立面図，真上から見た形を平面図といい，立面図と平面図を組み合わせて表した図を **投影図** といいます。

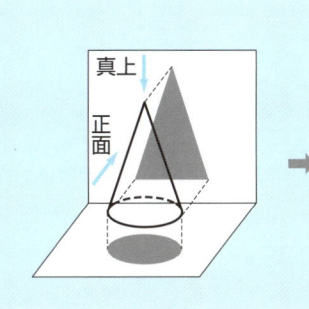

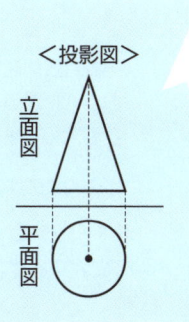

真上
正面

<投影図>
立面図
平面図

ステップアップ

51 立体の表面積

7章 空間図形

立体の表面全体の面積を**表面積**といいます。つまり，展開図にしたときの展開図の面積とみることができます。まず，角柱の表面積の求め方について考えてみましょう。

問題1 右の三角柱の表面積を求めましょう。

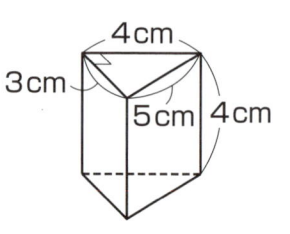

(1) 1つの底面の面積を ☐ といいます。
2つの底面の面積をあわせたものとしないように注意！

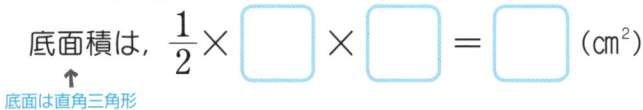

底面積は，$\frac{1}{2} \times$ ☐ $\times$ ☐ $=$ ☐ (cm²)
↑
底面は直角三角形

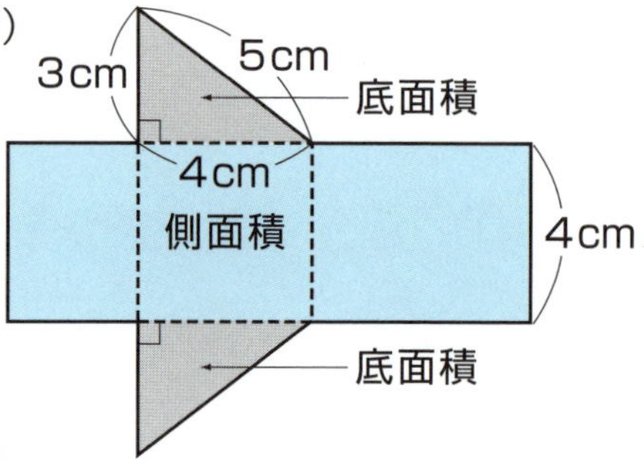

(2) 側面全体の面積を ☐ といいます。

側面の長方形の縦の長さは ☐ cm，横の長さ
↑   ↑
三角柱の高さに等しい。   底面の周の長さに等しい。

は ☐ cmだから，側面積は，☐ $\times$ ☐ $=$ ☐ (cm²)

(3) 角柱の表面積の公式は， **表面積＝底面積× ☐ ＋側面積** だから，

☐ $\times$ ☐ $+$ ☐ $=$ ☐ (cm²)

ステップアップ

おうぎ形の中心角もわかる！

円錐を展開図で表したときの，側面のおうぎ形の中心角は，おうぎ形の弧の長さと底面の円の円周の長さが等しいことを利用して求めることができます。

右の円錐の展開図で，側面のおうぎ形の中心角を $x°$ とすると，

$2\pi \times 6 \times \frac{x}{360} = 2\pi \times 2$　これを解くと，$x = 120$

おうぎ形の弧の長さ　底面の円周の長さ

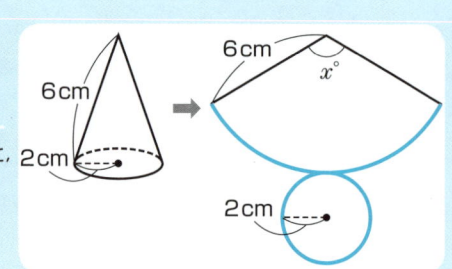

<立体の表面積>
角柱・円柱の表面積…底面積×2＋側面積
角錐・円錐の表面積…底面積＋側面積

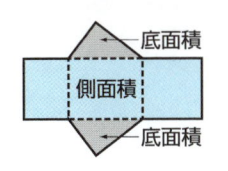

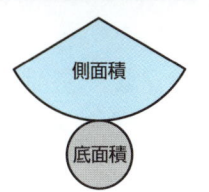

基本練習 ➡答えは別冊16ページ

次の立体の底面積，側面積，表面積を求めましょう。ただし，円周率はπとします。

(1) 円柱

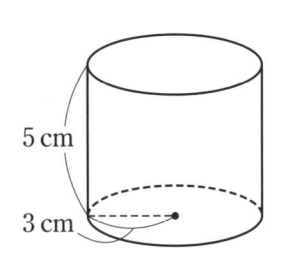

5 cm
3 cm

(2) 正四角錐

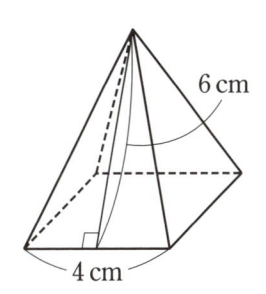

6 cm
4 cm

<左ページの問題の答え>
問題1 (1) 底面積，$\frac{1}{2}\times 3\times 4=6$(cm²)
(2) 側面積，4，12，$4\times 12=48$(cm²)
(3) 2，$6\times 2+48=60$(cm²)

円錐の表面積は？

円錐の表面積＝底面積＋側面積　です。
側面積は，展開図で表したときのおうぎ形の面積を求めればいいですね。
（おうぎ形の面積の公式は102ページを見よう！）

右の円錐の表面積は，$\underbrace{\pi\times 2^2}_{底面積}+\underbrace{\pi\times 6^2\times\frac{120}{360}}_{側面積}=16\pi$(cm²)

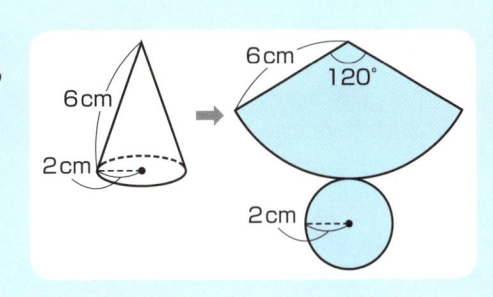

6cm　120°
6cm
2cm
2cm

ステップアップ

52 立体の体積

7章 空間図形

まず，角柱の体積の求め方について考えてみましょう。

問題1　右の正四角柱の体積を求めましょう。

角柱や円柱の体積を求める公式は，

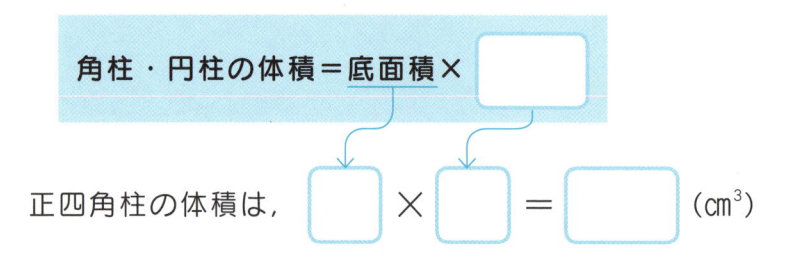

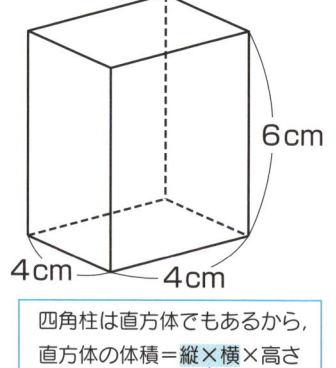

角柱・円柱の体積＝底面積×　□

正四角柱の体積は，　□ × □ ＝ □ （cm³）

6cm / 4cm / 4cm

四角柱は直方体でもあるから，
直方体の体積＝縦×横×高さ
四角柱の体積＝底面積×高さ

角錐の体積は，この角錐と底面と高さが同じ角柱の体積の $\frac{1}{3}$ になります。

問題2　右の正四角錐の体積を求めましょう。

角錐や円錐の体積を求める公式は，

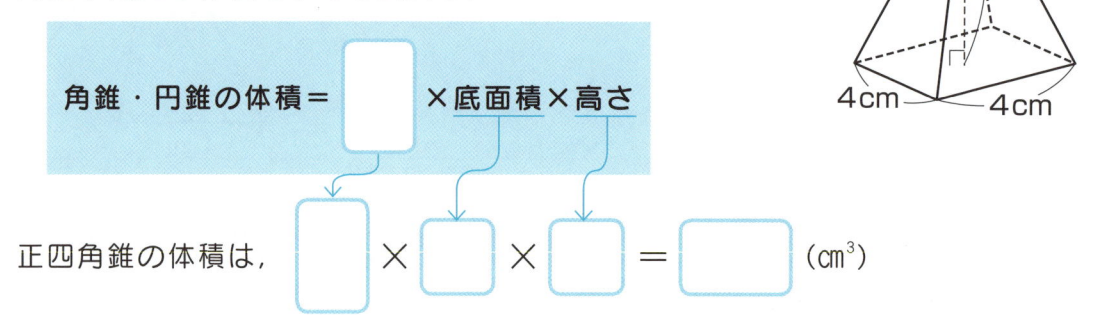

角錐・円錐の体積＝　□　×底面積×高さ

正四角錐の体積は，　□ × □ × □ ＝ □ （cm³）

6cm / 4cm / 4cm

ステップアップ

底面はどこ？

立体の体積を求めるときは，どの面が底面かをしっかり見きわめましょう。

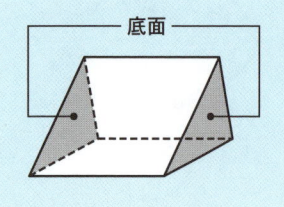

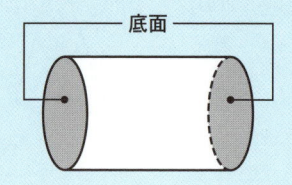

底面　／　底面

<立体の体積>
角柱・円柱の体積…$V = Sh$
角錐・円錐の体積…$V = \dfrac{1}{3}Sh$

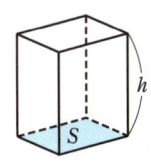

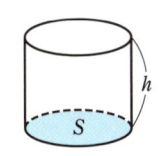

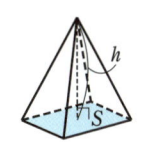

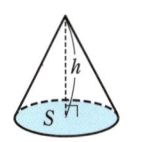

基本練習

→ 答えは別冊16ページ

次の立体の体積を求めましょう。ただし，円周率はπとします。

(1) 三角柱
　　8 cm
　　5 cm　4 cm

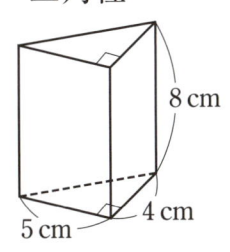

(2) 円柱
　　5 cm
　　3 cm

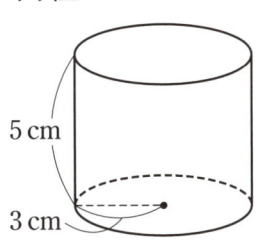

(3) 正四角錐
　　4 cm 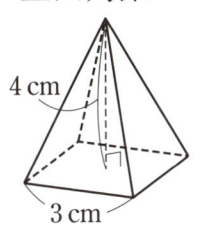
　　3 cm

(4) 円錐
　　10 cm
　　6 cm

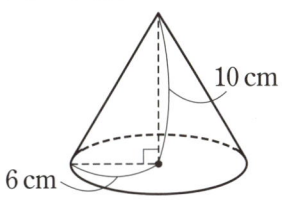

<左ページの問題の答え>
問題1　高さ，16×6＝96（cm³）
問題2　$\dfrac{1}{3}$，$\dfrac{1}{3}$×16×6＝32（cm³）

球の表面積と体積

下のようなボールの形をした立体を**球**といいますね。
半径 r の球の表面積と体積は，次の式で求めることができます。

表面積 ＝ $4\pi r^2$

体積 ＝ $\dfrac{4}{3}\pi r^3$

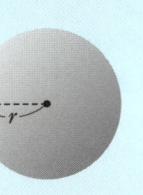

公式があるよ
表面積
体積

ステップアップ

復習テスト

答えは別冊16ページ
得点 /100点

7章 空間図形

1
右の図は，直方体から三角柱を切り取った立体です。辺を直線，面を平面と見て，次の問いに答えましょう。

【各5点 計35点】

(1) 直線ABと平行な直線をすべて答えましょう。

(2) 直線ABと垂直な直線をすべて答えましょう。

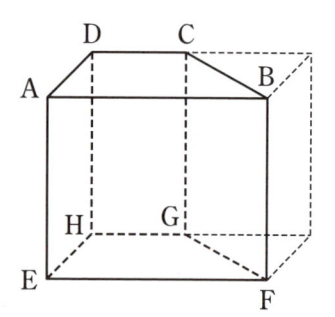

(3) 直線ABとねじれの位置にある直線をすべて答えましょう。

(4) 平面AEHDと平行な直線をすべて答えましょう。

(5) 平面AEHDと交わる直線をすべて答えましょう。

(6) 平面AEFBと平行な平面をすべて答えましょう。

(7) 平面AEFBと垂直な平面をすべて答えましょう。

2
次の図形を，直線 ℓ を軸として1回転させてできる立体の見取図をかきましょう。

【各5点 計10点】

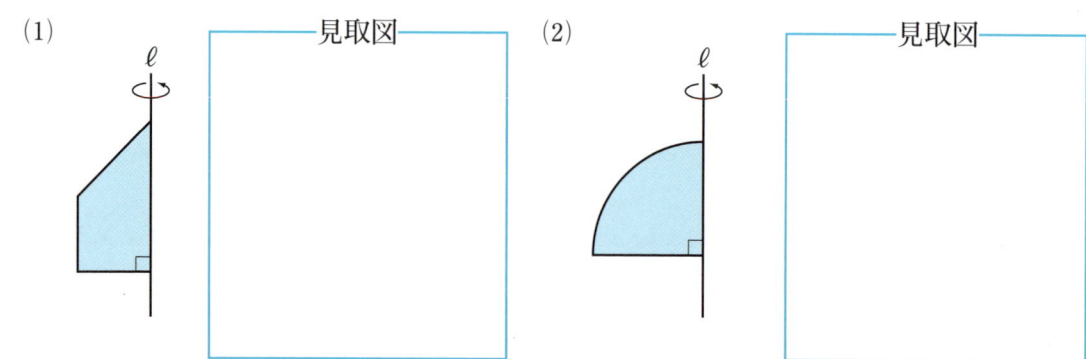

(1) 見取図

(2) 見取図

3 下の図1の円柱について，次の問いに答えましょう。【(1)各3点　(2)9点　(3)(4)各10点　計35点】

図1　2cm　3cm

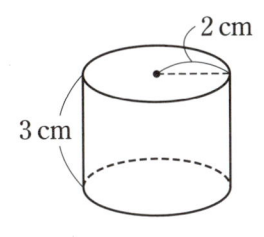

図2

(1) この円柱の展開図で，底面と側面はそれぞれどんな形になりますか。

(2) この円柱の展開図を，図2にかきましょう。ただし，円周率は3，方眼の1目もりは1cmとします。

(3) この円柱の表面積を求めましょう。（円周率はπとします。）

(4) この円柱の体積を求めましょう。（円周率はπとします。）

4 次の立体の体積を求めましょう。【各10点　計20点】

(1) 正四角錐　6cm　5cm

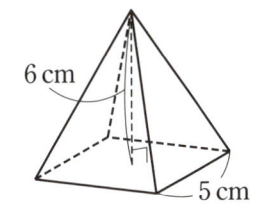

(2) 円錐（円周率はπとします。）　9cm　4cm

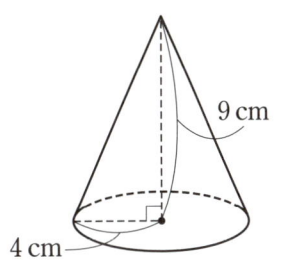

回転体の切り口の形は？

回転の軸に垂直な平面で切ると？
切り口は円

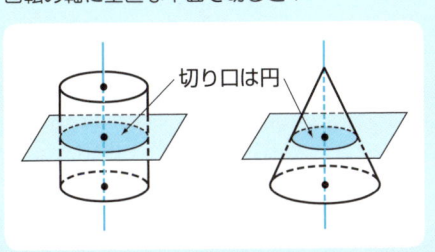

回転の軸をふくむ平面で切ると？
切り口は長方形
切り口は二等辺三角形

ステップアップ

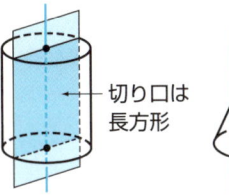

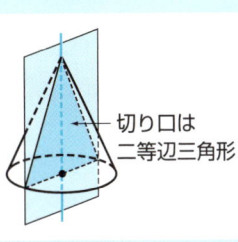

資料を見やすくまとめよう！ 資料の整理

小学校のとき，資料を見やすくまとめるために，表やグラフをつくりましたね。
ここでは，資料のちらばりのようすを表やグラフで表してみましょう。
また，ちらばりのようすをまとめた表やグラフの利用のしかたについて考えていきましょう。

→ 問題の答えは127ページ

右の資料は，ある中学校の1年生の男子25人のハンドボール投げの記録です。

この資料だけでは，「何mぐらいの記録が多いのか，少ないのか」などのくわしいようすがよくわかりませんね。そこで，記録のちらばりのようすがもっとよくわかるように整理してみましょう。

ハンドボール投げの記録 (m)

25	20	15	22	18
17	26	23	33	13
22	20	18	21	24
27	12	24	29	16
21	23	19	14	23

度数分布表

まず，投げた距離を，4mごとに区切って，それぞれの区切りに入る記録の数を，表にまとめてみましょう。

階級
…資料を整理するための区間

階級の幅
…区間の幅
この表の階級の幅は4m

階級 (m)	度数 (人)
以上　未満	
10 〜 14	2
14 〜 18	4
18 〜 22	ア
22 〜 26	イ
26 〜 30	ウ
30 〜 34	エ
計	25

度数
…区間に入る資料の個数

この階級に入る資料は12m，13mの2個

このように，資料をいくつかの区間に分け，それぞれの区間ごとに入る資料の個数を示した表を，**度数分布表**といいます。

また，階級の中央の値を**階級値**といいます。
たとえば，10m以上14m未満の階級の階級値は，12mになります。

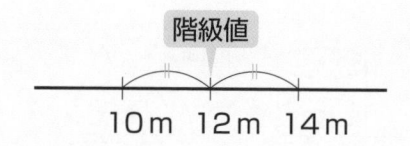

階級値
10m　12m　14m

問題1 上の度数分布表のあいているところに数を書き入れて，度数分布表を完成させましょう。

124

度数分布表から，資料のちらばりのようすがずいぶんわかりやすくなりましたね。でも，もっと見やすく，ひと目で資料のちらばりを表す方法はないでしょうか？

ヒストグラム

そう！「表」とくれば「グラフ」ですね。次は，度数分布表を使ってグラフをかいてみましょう。

度数分布表は，ヒストグラム（柱状グラフ）というグラフで表すことができます。

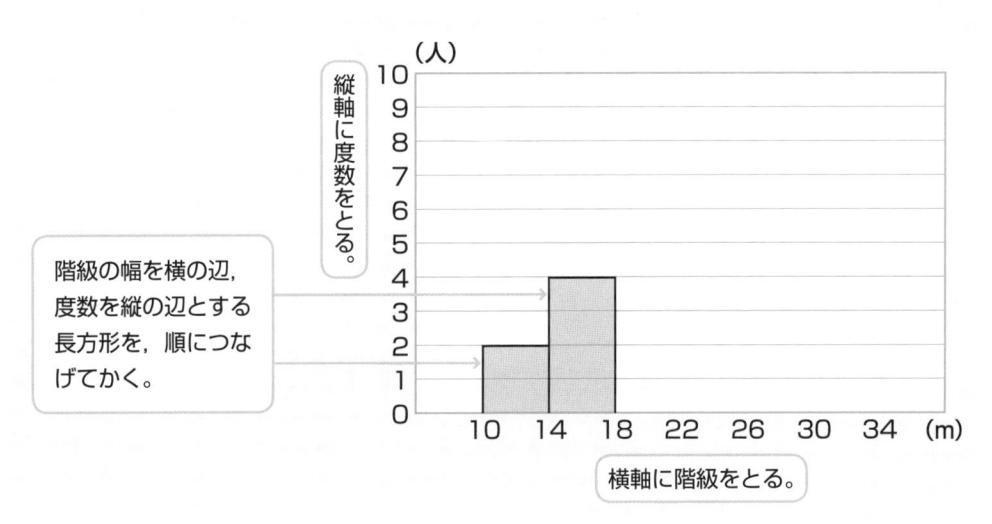

階級の幅を横の辺，度数を縦の辺とする長方形を，順につなげてかく。

縦軸に度数をとる。

横軸に階級をとる。

問題2 上のヒストグラムの続きをかいて完成させましょう。

どうですか？「何mぐらいの記録が多いのか，少ないのか」などのくわしいようすがひと目でわかるようになりましたね！

相対度数

では，22m以上の記録の人は，全体のどれくらいの割合なのでしょうか？
こんなときに，便利なのが「相対度数」です。

相対度数とは，それぞれの階級の度数が，全体を1とみたときのどれだけにあたるかを表した数です。

$$相対度数 = \frac{ある階級の度数}{度数の合計}$$

たとえば，10m以上14m未満の階級の相対度数は，2÷25＝0.08になります。

問題3 22m以上の階級の相対度数を求めましょう。

$$\boxed{ア} \div \boxed{イ} = \boxed{ウ}$$

相対度数が0.48ということから，22m以上の記録の人は，およそ全体の半分（およそ5割）であることがわかりますね。

平均値

資料全体のようすを表す値として、よく「平均(値)」を使いますね。まず、124ページの「ハンドボール投げの記録」から直接、記録の平均値を求めてみましょう。

$$\text{平均値} = \frac{\text{記録の合計}}{\text{人数}} \text{ より、} \frac{25+20+15+\cdots+19+14+23}{25} = \frac{525}{25} = 21 \text{ (m)}$$

となります。

う～ん、記録が多くなると、計算がかなりめんどうですね。

そこで、このようなときは、度数分布表を利用して平均値を求めることができます。

たとえば、10m以上14m未満の階級の 記録の合計 を、 階級値×度数 とみなします。

12mが1人と13mが1人 …12+13=25(m)　　階級の中央の値12mが2人 …12×2=24(m)

同じように、それぞれの階級の記録の合計についても、階級値×度数とみなします。

階級 (m)	階級値 (m)	度数 (人)	階級値×度数 (m)
以上　未満			
10～14	12	2	24
14～18	16	4	64
18～22	20	7	140
22～26	24	8	192
26～30	28	3	84
30～34	32	1	32
計		25	536

このように考えると、記録の合計は、それぞれの階級の 階級値×度数 の和 とみることができますね。

これより、平均値は右の式で求められます。

このように、資料の個数が多いときは、度数分布表から平均値を求めることができます。

$$\text{平均値} = \frac{\text{階級値×度数 の和}}{\text{度数の合計}}$$

問題4 上の度数分布表から、ハンドボール投げの平均値を、四捨五入して小数第1位まで求めましょう。

ア □ ÷ イ □ = ウ □　　　エ □ m

↑
「ハンドボール投げの記録」から直接求めた平均値と度数分布表から求めた平均値は同じとはかぎりませんが、近い値が得られます。

平均値のような数値は、この数値1つで資料全体のようすを表しています。このように、資料全体を代表して、そのようすを表す数値を**代表値**といいます。代表値には、平均値のほかに、**中央値（メジアン）**、**最頻値（モード）**があります。

> 中央値……資料を大きさの順に並べたとき、中央にくる値、または、階級値。
> 最頻値……度数が最も大きい資料の値、または、階級値。

まず、「ハンドボール投げの記録」から直接、中央値と最頻値を求めてみましょう。

右のように、記録を短いほうから順に並びかえると、わかりやすいですね。

・中央値は、短いほうから数えて13番目の記録だから、21m
・最頻値は、最も多い記録だから、23mですね。

		これが中央値		
12	13	14	15	16
17	18	18	19	20
20	21	(21)	22	22
23	23	23	24	24
25	26	27	29	33

これが最頻値

次は、度数分布表から中央値と最頻値を求める方法を考えてみましょう。

問題5 右下の度数分布表で、中央値と最頻値を求めましょう。

短いほうから数えて13番目の記録が入っている階級は、ア□m以上イ□m未満の階級だから、

中央値は、この階級の階級値でウ□m

度数が最も大きい階級は、

エ□m以上オ□m未満の階級だから、

最頻値は、この階級の階級値でカ□m

階級(m)	度数(人)
以上 未満	
10～14	2
14～18	4
18～22	7
22～26	8
26～30	3
30～34	1
計	25

平均値、中央値、最頻値は、資料の特徴や、その資料からどんなことを示したいかによって、使い分けられます。

＜124～127ページの問題の答え＞

問題1　ア 7　イ 8　ウ 3　エ 1
問題2　右の図
問題3　ア 12　イ 25　ウ 0.48
問題4　ア 536　イ 25　ウ 21.44　エ 21.4
問題5　ア 18　イ 22　ウ 20　エ 22　オ 26　カ 24

監　修	永見利幸（ながみ　としゆき）
	京華中学・高等学校教頭。 生徒の実力を引き上げることで定評がある本校で，中高生に数学を教えて20年のベテラン数学教諭。数学を楽しく学ぶための教材研究を行い，数学がニガテな生徒の指導に特に力を入れている。
編集協力	有限会社　アズ
本文イラスト	ニシワキタダシ
デザイン	山口秀昭（StudioFlavor）
DTP	（株）明昌堂　データ管理コード：19-1772-2806（CS2／CS3）

この本は下記のように環境に配慮して製作しました。
・製版フィルムを使用しないCTP方式で印刷しました。
・環境に配慮した紙を使用しています。

中1数学をひとつひとつわかりやすく。

©Gakken　本書の無断転載，複製，複写（コピー），翻訳を禁じます。
本書を代行業者等の第三者に依頼してスキャンやデジタル化することは，たとえ個人や家庭内の利用にあっても，著作権法上，認められておりません。

中1数学をひとつひとつわかりやすく。

解答とアドバイス

Gakken

01 正の数と負の数

本文ページ → 7

基本練習

次の数を，正の符号，負の符号をつけて表しましょう。

(1) 0 より 25 大きい数
0 より大きい数だから，
＋の符号 → ＋25

(2) 0 より 16 小さい数
0 より小さい数だから，
－の符号 → －16

(3) 0 より 3.5 小さい数
小数のときも整数と
同じように考えて，
－の符号 → －3.5

(4) 0 より $\frac{5}{8}$ 大きい数
分数のときも整数と
同じように考えて，
＋の符号 → $+\frac{5}{8}$

次の問いに答えましょう。

(1) 地点 A から北へ 4 km の地点を ＋4 km と表すと，地点 A から南へ 7 km の地点はどのように表せますか。
反対の性質
北… ＋4 km　南… －7 km

(2) 2000 円の利益を ＋2000 円と表すと，9000 円の損失はどのように表せますか。
利益を＋で表すと損失は－で表せるから，
－9000 円

02 負の数の大小比べ

本文ページ → 9

基本練習

次の各組の数の大小を，不等号を使って表しましょう。

(1) 5，－8
（正の数）＞（負の数）
5 ＞ －8

(2) －9，－6
上の数直線から，－9 ＜ －6

(3) －0.9，－0.2，－1.3
上の数直線から，－1.3 ＜ －0.9 ＜ －0.2

絶対値が 3 より小さい整数をすべて求めましょう。
絶対値が 3 になる数は，
3 と －3 の 2 つです。
絶対値が 3 より小さい整数は，
－3 と 3 の間にある整数だから，
－2，－1，0，1，2

03 負の数をふくむたし算

本文ページ → 11

基本練習

次の計算をしましょう。

(1) $(-4)+(-5)$
$=-(4+5)$
共通の符号　絶対値の和
$=-9$

(2) $(+9)+(-6)$
$=+(9-6)$
絶対値の大きいほうの符号　絶対値の差
$=+3$

(3) $(-15)+(-17)$
$=-(15+17)$
$=-32$

(4) $(-20)+(+9)$
$=-(20-9)$
$=-11$

(5) $0+(-6)$
$=-6$
0 と正負の数の和はその数のまま

(6) $(-13)+(+13)$
$=0$
絶対値が等しい異符号の2つの数の和は0

(7) $(-0.7)+(-1.6)$
$=-(0.7+1.6)$
$=-2.3$

(8) $\left(+\frac{2}{3}\right)+\left(-\frac{5}{6}\right)$
$=\left(+\frac{4}{6}\right)+\left(-\frac{5}{6}\right)$ 通分
$=-\left(\frac{5}{6}-\frac{4}{6}\right)$
$=-\frac{1}{6}$

04 負の数をふくむひき算

本文ページ → 13

基本練習

次の計算をしましょう。

(1) $(+5)-(+8)$
$=(+5)+(-8)$
$=-(8-5)$　ひく数の符号を変えてたす
$=-3$

(2) $(+3)-(-4)$
$=(+3)+(+4)$
$=+(3+4)$　（負の数）
$=+7$　→＋（正の数）

(3) $(-6)-(+9)$
$=(-6)+(-9)$
$=-(6+9)$
$=-15$

(4) $(-7)-(-2)$
$=(-7)+(+2)$
$=-(7-2)$
$=-5$

(5) $(-12)-0$
$=-12$

(6) $0-(-1)$
$=0+(+1)$
$=+1$

(7) $(-1.4)-(-0.8)$
$=(-1.4)+(+0.8)$
$=-(1.4-0.8)$
$=-0.6$

(8) $\left(-\frac{1}{3}\right)-\left(+\frac{3}{4}\right)$
$=\left(-\frac{1}{3}\right)+\left(-\frac{3}{4}\right)$
$=\left(-\frac{4}{12}\right)+\left(-\frac{9}{12}\right)$
$=-\left(\frac{4}{12}+\frac{9}{12}\right)$
$=-\frac{13}{12}$

05 たし算とひき算の混じった計算　本文ページ→15

基本練習

次の計算をしましょう。

(1) $(+2)+(-5)-(-7)$
　$=(+2)+(-5)+(+7)$
　$=(+2)+(+7)+(-5)$
　$=(+9)+(-5)$
　$=+4$

(2) $(+1)-(+3)+(-6)$
　$=(+1)+(-3)+(-6)$
　$=(+1)+(-9)$
　$=-8$

(3) $(+9)+(-8)-(+4)$
　$=(+9)+(-8)+(-4)$
　$=(+9)+(-12)$
　$=-3$

(4) $(-10)-(-17)-(+13)$
　$=(-10)+(+17)+(-13)$
　$=(+17)+(-10)+(-13)$
　$=(+17)+(-23)$
　$=-6$

(5) $(+3)+(-7)-(+9)-(-6)$
　$=(+3)+(-7)+(-9)+(+6)$
　$=(+3)+(+6)+(-7)+(-9)$
　$=(+9)+(-16)$
　$=-7$

(6) $(-5)-(+8)-(-12)-(+7)$
　$=(-5)+(-8)+(+12)+(-7)$
　$=(-5)+(-8)+(-7)+(+12)$
　$=(-20)+(+12)$
　$=-8$

06 かっこのない式の計算　本文ページ→17

基本練習

次の計算をしましょう。

(1) $8-2-3$
　$=8-5$　　負の項を先に計算
　$=+3$
　$=3$　　←計算の結果が正の数のときは，+の符号をはぶける。

(2) $-4+7-9$
　$=7-4-9$
　$=7-13$
　$=-6$

(3) $5-6-8+7$　　正の項，負の項を集める。
　$=5+7-6-8$
　$=12-14$
　$=-2$

(4) $-11+29-24+14$
　$=-11-24+29+14$
　$=-35+43$
　$=+8$
　$=8$

(5) $-7-(-6)-4$　　かっこと加法の記号+をはぶく。
　$=-7+6-4$
　$=6-7-4$
　$=6-11$
　$=-5$

(6) $-15-(-19)+11-(+18)$
　$=-15+19+11-18$
　$=-15-18+19+11$
　$=-33+30$
　$=-3$

復習テスト　本文ページ→18〜19
1章　正負の数(1)

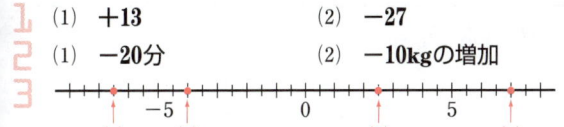

1　(1) $+13$　　(2) -27

2　(1) -20分　　(2) -10kgの増加

3　数直線上に (4), (2), (3), (1) の位置

解説　数直線の1目もりは0.5です。

4　(1) $-12>-15$　　(2) $+7>-7.5>-8$

5　(1) $+9$, -9
　(2) -3, -2, -1, 0, 1, 2, 3

解説　(1) 絶対値が■になる数は+■と-■の2つあります。
　(2) 絶対値が4より小さい数（数直線 -5〜5）

6　(1) -8　(2) $+5(5)$　(3) -4　(4) -8
　(5) -5　(6) $+10(10)$

解説　(4)〜(6) 減法はひく数の符号を変えて加法に直します。
　$-(+■)=+(-■)$, $-(-■)=+(+■)$

7　(1) -2　(2) -1　(3) -5　(4) 0

解説　かっこをはずして，正の項どうし，負の項どうしをまとめます。
　(4) $-7-(-6)+9+(-8)=-7+6+9-8$
　　$=-7-8+6+9=-15+15=0$

07 負の数をふくむかけ算　本文ページ→21

基本練習

次の計算をしましょう。

(1) $(+2)\times(+6)$
　$=\boxed{+}(\boxed{2\times 6})$
　正の符号　絶対値の積
　$=+12=12$

(2) $(-9)\times(+4)$
　$=\boxed{-}(\boxed{9\times 4})$
　負の符号　絶対値の積
　$=-36$

(3) $(+8)\times(-3)$
　$=-(8\times 3)$
　$=-24$

(4) $(-7)\times(-5)$
　$=+(7\times 5)$
　$=+35=35$

(5) $6\times(-3)$
　$=-(6\times 3)$
　$=-18$

(6) -8×7
　$=-(8\times 7)$
　$=-56$

(7) $-2.5\times(-0.8)$
　$=+(2.5\times 0.8)$　　$\begin{array}{r}2.5\\ \times 0.8\\ \hline 2.00\end{array}$
　$=+2$
　$=2$

(8) $\left(+\dfrac{3}{4}\right)\times\left(-\dfrac{2}{5}\right)$
　$=-\left(\dfrac{\cancel{3}}{\cancel{4}}\times\dfrac{\cancel{2}}{5}\right)$　←ここで約分
　$=-\dfrac{3}{10}$

3

08 3つの数のかけ算

本文ページ → 23

基本練習

次の計算をしましょう。

(1) $(-2)\times(-4)\times(+9)$
$=+(2\times4\times9)$ 負の数が偶数個 ↓ 積の符号+
$=+72$
$=72$

(2) $(+5)\times(+6)\times(-3)$
$=-(5\times6\times3)$ 負の数が奇数個 ↓ 積の符号−
$=-90$

(3) $(-3)\times(-7)\times(-4)$
$=-(3\times7\times4)$ 負の数が奇数個 ↓ 積の符号−
$=-84$

(4) $8\times(-2)\times(-6)$
$=+(8\times2\times6)$
$=+96$
$=96$

(5) $5\times(-0.4)\times7$
$=-(5\times0.4\times7)$
$=-14$

(6) $1.5\times(-10)\times(-0.8)$
$=+(1.5\times10\times0.8)$
$=+12$
$=12$

(7) $(-4)\times\left(+\dfrac{5}{8}\right)\times(-6)$
$=+\left(\overset{1}{\cancel{4}}\times\dfrac{5}{\cancel{8}}\times\overset{3}{\cancel{6}}\right)$ ←ここで約分
$=+15$
$=15$

(8) $\left(-\dfrac{1}{6}\right)\times(-18)\times\left(-\dfrac{5}{3}\right)$
$=-\left(\dfrac{1}{\cancel{6}}\times\overset{3}{\cancel{18}}\times\dfrac{5}{\cancel{3}}\right)$ ←ここで約分
$=-5$

09 ○乗の計算

本文ページ → 25

基本練習

次の計算をしましょう。

(1) 7^2
$=7\times7$ ← 7を2個かけあわせる。
$=49$

(2) 3^4
$=3\times3\times3\times3$
$=81$

(3) $(-3)^2$
$=(-3)\times(-3)$ ← −3を2個かけあわせる。
$=+(3\times3)$
$=9$

(4) $(-5)^3$
$=(-5)\times(-5)\times(-5)$
$=-(5\times5\times5)$
$=-125$

(5) -2^4
$=-(2\times2\times2\times2)$
$=-16$
↑ 2を4個かけあわせた数に−をつける。

(6) -4^3
$=-(4\times4\times4)$
$=-64$

(7) $\left(\dfrac{1}{6}\right)^2$
$=\dfrac{1}{6}\times\dfrac{1}{6}$
$=\dfrac{1}{36}$

(8) $\left(-\dfrac{2}{3}\right)^3$
$=\left(-\dfrac{2}{3}\right)\times\left(-\dfrac{2}{3}\right)\times\left(-\dfrac{2}{3}\right)$
$=-\left(\dfrac{2}{3}\times\dfrac{2}{3}\times\dfrac{2}{3}\right)$
$=-\dfrac{8}{27}$

10 負の数をふくむわり算

本文ページ → 27

基本練習

次の計算をしましょう。

(1) $(+40)\div(+5)$
$=\boxed{+}(\boxed{40\div5})$
　正の符号　絶対値の商
$=+8=8$

(2) $(+28)\div(-7)$
$=\boxed{-}(\boxed{28\div7})$
　負の符号　絶対値の商
$=-4$

(3) $(-42)\div(-6)$
$=+(42\div6)$
$=+7$
$=7$

(4) $(-45)\div(+9)$
$=-(45\div9)$
$=-5$

(5) $60\div(-4)$
$=-(60\div4)$
$=-15$

(6) $(-72)\div3$
$=-(72\div3)$
$=-24$

(7) $(-1.8)\div(-0.2)$
$=+(1.8\div0.2)$
$=+9$　$(1.8\times10)\div(0.2\times10)$
$=9$　$=18\div2$

(8) $7\div(-0.5)$
$=-(7\div0.5)$
$=-14$　$(7\times10)\div(0.5\times10)$
　　　$=70\div5$

11 分数をふくむ正負の数のわり算

本文ページ → 29

基本練習

次の計算をしましょう。

(1) $\left(-\dfrac{2}{3}\right)\div\dfrac{1}{4}$
$=\left(-\dfrac{2}{3}\right)\times\dfrac{4}{1}$
$=-\left(\dfrac{2}{3}\times\dfrac{4}{1}\right)=-\dfrac{8}{3}$

(2) $\left(-\dfrac{4}{9}\right)\div\left(-\dfrac{5}{6}\right)$
$=\left(-\dfrac{4}{9}\right)\times\left(-\dfrac{6}{5}\right)$
$=+\left(\dfrac{4}{\cancel{9}}\times\dfrac{\cancel{6}}{5}\right)=\dfrac{8}{15}$

(3) $\dfrac{8}{15}\div\left(-\dfrac{4}{5}\right)$
$=\dfrac{8}{15}\times\left(-\dfrac{5}{4}\right)$
$=-\left(\dfrac{\cancel{8}}{\cancel{15}}\times\dfrac{\cancel{5}}{\cancel{4}}\right)=-\dfrac{2}{3}$

(4) $-\dfrac{9}{20}\div\dfrac{3}{8}$
$=-\dfrac{9}{20}\times\dfrac{8}{3}$
$=-\left(\dfrac{\cancel{9}}{\cancel{20}}\times\dfrac{\cancel{8}}{\cancel{3}}\right)=-\dfrac{6}{5}$

(5) $(-9)\div\dfrac{3}{5}$
$=(-9)\times\dfrac{5}{3}$
$=-\left(\dfrac{\cancel{9}}{1}\times\dfrac{5}{\cancel{3}}\right)=-15$

(6) $-28\div\left(-\dfrac{8}{7}\right)$
$=-28\times\left(-\dfrac{7}{8}\right)$
$=+\left(\dfrac{\cancel{28}}{1}\times\dfrac{7}{\cancel{8}}\right)=\dfrac{49}{2}$

12 かけ算とわり算の混じった計算　本文ページ→31

基本練習

次の計算をしましょう。

(1) $6 \div (-14) \times 7$
$= 6 \times \left(-\dfrac{1}{14}\right) \times 7$
$= -\left(\overset{3}{\cancel{6}} \times \dfrac{1}{\cancel{14}} \times \cancel{7}\right) = -3$

(2) $(-30) \div (-8) \div (-9)$
$= (-30) \times \left(-\dfrac{1}{8}\right) \times \left(-\dfrac{1}{9}\right)$
$= -\left(\overset{5}{\cancel{30}} \times \dfrac{1}{8} \times \dfrac{1}{\cancel{9}}\right) = -\dfrac{5}{12}$

(3) $\left(-\dfrac{1}{6}\right) \times 4 \div \left(-\dfrac{8}{9}\right)$
$= \left(-\dfrac{1}{6}\right) \times 4 \times \left(-\dfrac{9}{8}\right)$
$= +\left(\dfrac{1}{\cancel{6}} \times \overset{1}{\cancel{4}} \times \dfrac{\overset{3}{\cancel{9}}}{\cancel{8}_{\ 2}}\right) = \dfrac{3}{4}$

(4) $15 \div \dfrac{4}{5} \times \left(-\dfrac{8}{3}\right)$
$= 15 \times \dfrac{5}{4} \times \left(-\dfrac{8}{3}\right)$
$= -\left(\overset{5}{\cancel{15}} \times \dfrac{5}{\cancel{4}} \times \dfrac{\overset{2}{\cancel{8}}}{\cancel{3}}\right) = -50$

(5) $\dfrac{2}{5} \times \left(-\dfrac{1}{3}\right) \div \left(-\dfrac{4}{9}\right)$
$= \dfrac{2}{5} \times \left(-\dfrac{1}{3}\right) \times \left(-\dfrac{9}{4}\right)$
$= +\left(\dfrac{\cancel{2}}{5} \times \dfrac{1}{\cancel{3}} \times \dfrac{\overset{3}{\cancel{9}}}{\cancel{4}_{\ 2}}\right) = \dfrac{3}{10}$

(6) $\left(-\dfrac{9}{10}\right) \div \left(-\dfrac{3}{7}\right) \div \left(-\dfrac{7}{5}\right)$
$= \left(-\dfrac{9}{10}\right) \times \left(-\dfrac{7}{3}\right) \times \left(-\dfrac{5}{7}\right)$
$= -\left(\dfrac{\overset{3}{\cancel{9}}}{\cancel{10}_{\ 2}} \times \dfrac{\cancel{7}}{\cancel{3}} \times \dfrac{\cancel{5}}{\cancel{7}}\right) = -\dfrac{3}{2}$

13 いろいろな計算　本文ページ→33

基本練習

次の計算をしましょう。

(1) $7 + 8 \times (-3)$　乗法を先に計算
$= 7 + (-24)$
$= -17$

(2) $4 - 12 \div 2 - 3$　除法を先に計算
$= 4 - 6 - 3$
$= 4 - 9$
$= -5$

(3) $(-7) \times 2 - 5 \times (-4)$
$= (-14) - (-20)$
$= (-14) + (+20)$
$= 6$

(4) $30 \div 5 + (-24) \div 3$
$= 6 + (-8)$
$= -2$

(5) $28 \div (2-9)$　かっこの中を先に計算
$= 28 \div (-7)$
$= -4$

(6) $(-6) \times (9 - 5 \times 2)$　かっこの中の乗法から計算
$= (-6) \times (9-10)$
$= (-6) \times (-1)$
$= 6$

(7) $6 - (-3) \times 6 - (-5)^2$
$= 6 - (-18) - (+25)$
$= 6 + 18 - 25$
$= -1$

(8) $8 - (5 - 3^2) \times (-2)$
$= 8 - (5 - 9) \times (-2)$
$= 8 - (-4) \times (-2)$
$= 8 - (+8)$
$= 8 + (-8)$
$= 0$

復習テスト　本文ページ→34〜35　2章 正負の数(2)

1 (1) 20　(2) -27　(3) -420　(4) $\dfrac{4}{7}$

2 (1) -90　(2) 28　(3) -64　(4) 18

解説　$(-■)^2 = (-■) \times (-■)$，$-■^2 = -(■ \times ■)$
(4) $-3^2 \times (-2) = -9 \times (-2) = +(9 \times 2) = 18$

3 (1) -8　(2) 6　(3) -24　(4) -32
　　(5) $\dfrac{4}{3}$　(6) $-\dfrac{3}{10}$

解説　(4)〜(6) わる数を逆数にして，除法を乗法に直して計算します。

4 (1) -4　(2) 6　(3) -15　(4) -2

解説　(4) $\left(-\dfrac{3}{2}\right) \div \left(-\dfrac{5}{8}\right) \div \left(-\dfrac{6}{5}\right) = \left(-\dfrac{3}{2}\right) \times \left(-\dfrac{8}{5}\right) \times \left(-\dfrac{5}{6}\right)$
$= -\left(\dfrac{3}{2} \times \dfrac{8}{5} \times \dfrac{5}{6}\right) = -2$

5 (1) -8　(2) 1　(3) 14　(4) -10

解説　四則の混じった計算は，次の順に計算します。
かっこ・累乗 → 乗法・除法 → 加法・減法
(2) $(-2)^3 - (-3) \times 3 = (-8) - (-9)$
　　$= (-8) + (+9) = -8 + 9 = 1$
(4) $30 \div (2 \times 3 - 3^2) = 30 \div (6-9) = 30 \div (-3) = -10$

14 文字式とは？　本文ページ→37

基本練習

次の数量を文字を使った式で表しましょう。

(1) 男子20人，女子 n 人の学級の全体の人数
全体の人数は，男子の人数＋女子の人数 → $20 + n$（人）
（20人）　（n人）

(2) 1個 a g のボール9個の重さ
全体の重さは，1個の重さ×個数 → $a \times 9$（g）

(3) 周の長さが b cm の正方形の1辺の長さ
正方形の周の長さは，1辺の長さ×4
1辺の長さは，周の長さ÷4 → $b \div 4$（cm）

(4) 1冊200円のノートを x 冊買って，1000円出したときのおつり
ノート x 冊の代金は，$200 \times x$（円）
おつりは，出した金額－ノートの代金 → $1000 - 200 \times x$（円）

15 文字式の表し方①

基本練習

次の式を，文字式の表し方にしたがって表しましょう。

(1) $x \times a$
 $= ax$ ←はぶく。
 文字はアルファベット順

(2) $y \times x \times 5$
 $= 5xy$ ←数は文字の前に

(3) $m \times (-8) \times n$
 $= -8mn$

(4) $y \times z \times 1 \times x$
 $= xyz$ ←はぶく。
 $1xyz$ と表してはいけない。

(5) $b \times (-1) \times a$
 $= -ab$
 $-1ab$ と表してはいけない。

(6) $y \times 0.1 \times z$
 $= 0.1yz$
 0.1の1は，はぶけないので，
 $0.yz$ と表すことはできない。

(7) $a \times 4 - 9$
 $= 4a - 9$ ←記号−は，はぶけない。

(8) $m \times (-6) + 2 \times n$
 $= -6m + 2n$ ←記号+は，はぶけない。

16 文字式の表し方②

基本練習

次の式を，文字式の表し方にしたがって表しましょう。

(1) $y \div 4$
 $= \dfrac{y}{4}$ ←分数の形に

(2) $(-6) \div a$
 $= \dfrac{-6}{a} = -\dfrac{6}{a}$
 −の符号は分数の前につける。

(3) $2x \div 5$
 $= \dfrac{2x}{5}$ ←$2x$をひとまとまりとして，分子に

(4) $8m \div (-3)$
 $= \dfrac{8m}{-3} = -\dfrac{8m}{3}$

(5) $(a+1) \div 2$
 $= \dfrac{a+1}{2}$ ←$a+1$をひとまとまりとみる。

(6) $(x-y) \div (-7)$
 $= \dfrac{x-y}{-7}$
 $= -\dfrac{x-y}{7}$

(7) $a \times b \div 3$
 $= ab \div 3$ ←左から順に×，÷をはぶく。
 $= \dfrac{ab}{3}$

(8) $x \div y \div 5$
 $= \dfrac{x}{y} \div 5$
 $= \dfrac{x}{5y}$
 〈別の解き方〉除法を乗法に直して，$x \times \dfrac{1}{y} \times \dfrac{1}{5}$
 $= \dfrac{x}{y} \times \dfrac{1}{5} = \dfrac{x}{5y}$

17 文字に数をあてはめよう

基本練習

$x = 3$ のとき，次の式の値を求めましょう。

(1) $2x + 4$
 $= 2 \times x + 4$ ←×を使った式に
 $= 2 \times 3 + 4$ ←xに3を代入
 $= 6 + 4$
 $= 10$

(2) $9 - 6x$
 $= 9 - 6 \times x$
 $= 9 - 6 \times 3$ ←xに3を代入
 $= 9 - 18$ ←かけ算
 $= -9$ ←ひき算

$x = -4$ のとき，次の式の値を求めましょう。

(1) $3x - 2$
 $= 3 \times x - 2$
 $= 3 \times (-4) - 2$ ←負の数は（ ）をつけて代入
 $= -12 - 2$
 $= -14$

(2) $8 + 7x$
 $= 8 + 7 \times x$
 $= 8 + 7 \times (-4)$
 $= 8 + (-28)$
 $= -20$

$x = \dfrac{1}{2}$ のとき，$3 - 8x$ の式の値を求めましょう。

$3 - 8x = 3 - 8 \times x = 3 - 8 \times \dfrac{1}{2} = 3 - 4 = -1$

18 同じ文字をまとめよう

基本練習

次の計算をしましょう。

(1) $2x + 7x$
 $= (2 + 7)x$
 $= 9x$

(2) $-8b + 5b$
 $= (-8 + 5)b$
 $= -3b$

(3) $4a - 3a$
 $= (4 - 3)a$
 $= a$

(4) $6y - y$
 $= (6 - 1)y$
 $= 5y$
 $6y$からyをとって，$6y - y = 6$ としてはダメ！

(5) $5x + 8 + x - 3$
 $= 5x + x + 8 - 3$ ←文字の項，数の項を集める。
 $= (5 + 1)x + 8 - 3$ ←それぞれまとめる。
 $= 6x + 5$

(6) $3a - 2 - 6a + 8$
 $= 3a - 6a - 2 + 8$
 $= (3 - 6)a - 2 + 8$
 $= -3a + 6$

(7) $7y - 4 - 5 - 3y$
 $= 7y - 3y - 4 - 5$
 $= (7 - 3)y - 4 - 5$
 $= 4y - 9$

(8) $-3 + m + 4 - 9m$
 $= m - 9m - 3 + 4$
 $= (1 - 9)m - 3 + 4$
 $= -8m + 1$

19 文字式のたし算・ひき算

本文ページ → 47

基本練習

次の計算をしましょう。

(1) $3x+(x-5)$ ← $+(x-5) = +x-5$
$=3x+x-5$
$=4x-5$

(2) $2b-(3b-1)$ ← $-(3b-1) = -3b+1$
$=2b-3b+1$
$=-b+1$

(3) $(7a-6)+(2a-9)$
$=7a-6+2a-9$
$=7a+2a-6-9$
$=9a-15$

(4) $(6y-5)+(7-8y)$
$=6y-5+7-8y$
$=6y-8y-5+7$
$=-2y+2$

(5) $(9m+4)-(5m-3)$
$=9m+4-5m+3$
$=9m-5m+4+3$
$=4m+7$

(6) $(3-7x)-(2x-5)$
$=3-7x-2x+5$
$=-7x-2x+3+5$
$=-9x+8$

20 文字式のかけ算・わり算

本文ページ → 49

基本練習

次の計算をしましょう。

(1) $3x \times 4$
$=3 \times x \times 4$
$=3 \times 4 \times x$ ← 数どうしの積
$=12x$

(2) $7a \times (-5)$
$=7 \times a \times (-5)$
$=7 \times (-5) \times a$
$=-35a$

(3) $(-2y) \times (-9)$
$=(-2) \times y \times (-9)$
$=(-2) \times (-9) \times y$
$=18y$

(4) $(-8m) \times \dfrac{1}{4}$
$=(-8) \times m \times \dfrac{1}{4}$
$=(-8) \times \dfrac{1}{4} \times m$
$=-2m$

次の計算をしましょう。

(1) $18a \div 6$
$=\dfrac{18a}{6}$ ← 分数の形にして,数どうしを約分
$=3a$

(2) $(-12y) \div 3$
$=\dfrac{-12y}{3}$ ← $\dfrac{(-12) \times y}{3}$
$=-4y$

(3) $36x \div (-4)$
$=36x \times \left(-\dfrac{1}{4}\right)$ ← 除法→乗法
$=36 \times \left(-\dfrac{1}{4}\right) \times x = -9x$

(4) $(-40b) \div (-8)$
$=(-40b) \times \left(-\dfrac{1}{8}\right)$
$=(-40) \times \left(-\dfrac{1}{8}\right) \times b = 5b$

21 文字式のかっこのはずし方

本文ページ → 51

基本練習

次の計算をしましょう。

(1) $6(x-2)$
$=6 \times x + 6 \times (-2)$
$=6x-12$

(2) $-4(5a-7)$
$=(-4) \times 5a + (-4) \times (-7)$
$=-20a+28$

(3) $(15y-9) \div 3$
$=(15y-9) \times \dfrac{1}{3}$
$=15y \times \dfrac{1}{3} + (-9) \times \dfrac{1}{3}$
$=5y-3$

(4) $(45x-30) \div (-5)$
$=(45x-30) \times \left(-\dfrac{1}{5}\right)$
$=45x \times \left(-\dfrac{1}{5}\right) + (-30) \times \left(-\dfrac{1}{5}\right)$
$=-9x+6$

次の計算をしましょう。

(1) $2(3a-4)+3(a+2)$
$=2 \times 3a + 2 \times (-4)$
$\quad +3 \times a + 3 \times 2$
$=6a-8+3a+6$
$=9a-2$ ← 文字の項,数の項を,まとめる。

(2) $4(5x-2)-7(3x-1)$
$=4 \times 5x + 4 \times (-2)$
$\quad +(-7) \times 3x + (-7) \times (-1)$
$=20x-8-21x+7$
$=-x-1$

復習テスト 3章 文字と式

本文ページ → 52〜53

1 (1) $9xy$ (2) $-bc$ (3) m^4 (4) $-\dfrac{a}{5}$

(5) $\dfrac{y-z}{6}$ (6) $2a-\dfrac{b}{3}$

2 (1) $a \times b \times b$ (2) $8 \times x \div y$

3 (1) $90-10x$ (cm) (2) $\dfrac{a+b}{4}$ 円

解説 (2) 1人あたりの出した金額は,
品物の代金の合計÷人数

4 (1) 1 (2) -2

解説 負の数はかっこをつけて代入します。
(2) $2-x^2 = 2-(-2)^2 = 2-4 = -2$

5 (1) $-3y$ (2) $3a-4$ (3) $8x-9$
(4) $-3m-5$ (5) $-5b-2$ (6) $4x+5$

解説 かっこをはずすとき,
+( ) → かっこの中の各項の符号は変わりません。
-( ) → かっこの中の各項の符号は変わります。

6 (1) $28a$ (2) $-6y$ (3) $-24x+15$
(4) $-5b+3$ (5) $11x-2$ (6) $-9x-1$

解説 (5)(6) かっこをはずして,同じ文字の項どうし,数の項どうしをそれぞれまとめます。

22 方程式とは？ （本文ページ→55）

基本練習

−1, 0, 1のうち, 方程式 $3x+4=9-2x$ の解はどれですか。
方程式に $x=-1$ を代入すると,
左辺$=3\times(-1)+4=-3+4=1$, 右辺$=9-2\times(-1)=9+2=11$
方程式に $x=0$ を代入すると,
左辺$=3\times 0+4=0+4=4$, 右辺$=9-2\times 0=9-0=9$
方程式に $x=1$ を代入すると,
左辺$=3\times 1+4=3+4=7$, 右辺$=9-2\times 1=9-2=7$
左辺$=$右辺となるのは, $x=1$ のときなので, 方程式の解は 1

次の方程式のうち, 解が−3であるものを記号で答えましょう。
　㋐ $-3x+8=-1$　㋑ $4x-9=7x$　㋒ $2x-3=5x+6$
㋐…左辺$=-3\times(-3)+8=9+8=17$
　　これは右辺の値と等しくない。
㋑…左辺$=4\times(-3)-9=-12-9=-21$
　　右辺$=7\times(-3)=-21$
　　よって, 左辺$=$右辺
㋒…左辺$=2\times(-3)-3=-6-3=-9$
　　右辺$=5\times(-3)+6=-15+6=-9$
　　よって, 左辺$=$右辺
したがって, 解が −3 であるものは, ㋑, ㋒

23 等式の性質 （本文ページ→57）

基本練習

次の□にあてはまる数を書きましょう。

(1) 方程式 $x+5=3$ を, 等式の性質を使って解くと,

両辺から 5 をひいて, $x+5-5=3-5$, $x=-2$

(2) 方程式 $\frac{x}{2}=6$ を, 等式の性質を使って解くと,

両辺に 2 をかけて, $\frac{x}{2}\times 2=6\times 2$, $x=12$

次の方程式を, 等式の性質を使って解きましょう。

(1) $x+9=4$
　$x+9-9=4-9$ ← 両辺から
　$x=-5$　　　　9をひく。

(2) $x-8=-7$
　$x-8+8=-7+8$ ← 両辺に
　$x=1$　　　　　8をたす。

(3) $\frac{x}{5}=-2$
　$\frac{x}{5}\times 5=-2\times 5$ ← 両辺に
　$x=-10$　　　　5をかける。

(4) $-3x=-21$
　$-3x\div(-3)=-21\div(-3)$ ← 両辺を
　$x=7$　　　　　　　　　　 −3でわる。
〈別の解き方〉 両辺に $-\frac{1}{3}$ をかける。
　$-3x\times\left(-\frac{1}{3}\right)=-21\times\left(-\frac{1}{3}\right)$
　$x=7$

24 方程式の解き方① （本文ページ→59）

基本練習

次の方程式を, 移項を使って解きましょう。

(1) $x+6=2$
　$x=2-6$　← 左辺の6を
　$x=-4$　　右辺に移項

(2) $7x-3=11$
　$7x=11+3$
　$7x=14$
　$x=2$

(3) $9-5x=-6$
　$-5x=-6-9$
　$-5x=-15$
　$x=3$

(4) $2x=3x-9$
　$2x-3x=-9$　← 右辺の3xを
　$-x=-9$　　　左辺に移項
　$x=9$　　　　← 両辺に−1を
　　　　　　　　かける。

(5) $7x=4x-21$
　$7x-4x=-21$
　$3x=-21$
　$x=-7$

(6) $-4x=12+2x$
　$-4x-2x=12$
　$-6x=12$
　$x=-2$

25 方程式の解き方② （本文ページ→61）

基本練習

次の方程式を解きましょう。

(1) $5x+2=x-6$
　$5x-x=-6-2$　← +2, x
　$4x=-8$　　　 を移項
　$x=-2$　　　 ← 両辺を4
　　　　　　　　 でわる。

(2) $6x-5=4x+9$
　$6x-4x=9+5$　← −5, 4x
　$2x=14$　　　　を移項
　$x=7$　　　　　← 両辺を2
　　　　　　　　　でわる。

(3) $2x-7=5x+8$
　$2x-5x=8+7$
　$-3x=15$
　$x=-5$

(4) $x-2=8x-9$
　$x-8x=-9+2$
　$-7x=-7$
　$x=1$

(5) $3x-7=9-5x$
　$3x+5x=9+7$
　$8x=16$
　$x=2$

(6) $15-7x=45-2x$
　$-7x+2x=45-15$
　$-5x=30$
　$x=-6$

26 いろいろな方程式　本文ページ→63

基本練習

次の方程式を解きましょう。

(1) $3(x+5)=x+7$　まず，かっこをはずす。
　$3x+15=x+7$
　$3x-x=7-15$
　$2x=-8$
　$x=-4$

(2) $7x-2=2(5x-4)$
　$7x-2=10x-8$
　$7x-10x=-8+2$
　$-3x=-6$
　$x=2$

(3) $3(2x-1)=5(6-x)$
　$6x-3=30-5x$
　$6x+5x=30+3$
　$11x=33$
　$x=3$

(4) $\frac{1}{5}x-3=\frac{1}{2}x$　両辺に5と2の最小公倍数10をかける。
　$\left(\frac{1}{5}x-3\right)\times 10=\frac{1}{2}x\times 10$
　$2x-30=5x$
　$-3x=30$
　$x=-10$

(5) $\frac{1}{4}x+5=\frac{2}{3}x-5$
　$\left(\frac{1}{4}x+5\right)\times 12=\left(\frac{2}{3}x-5\right)\times 12$
　$3x+60=8x-60$
　$-5x=-120$
　$x=24$

(6) $\frac{x+2}{3}=\frac{x-1}{2}$
　$\frac{x+2}{3}\times 6=\frac{x-1}{2}\times 6$
　$2(x+2)=3(x-1)$
　$2x+4=3x-3$
　$-x=-7$
　$x=7$

27 方程式の文章題　本文ページ→65

基本練習

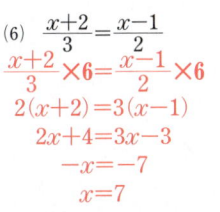

50円切手と80円切手をあわせて10枚買ったら，代金の合計は620円でした。50円切手は何枚買いましたか。

50円切手を x 枚買ったとすると，80円切手は $(10-x)$ 枚買ったことになるから，$50x+80(10-x)=620$
これを解くと，$50x+800-80x=620$，$-30x=-180$，$x=6$
切手の枚数は自然数だから，これは問題にあっている。
したがって，50円切手の枚数は 6枚

何人かの子どもにみかんを配ります。1人に4個ずつ配ると20個余り，6個ずつ配ると10個たりません。次の問いに答えましょう。

(1) x 人の子どもに4個ずつ配ったときの全体のみかんの個数を x を使って表しましょう。
　1人に4個ずつ配ると20個余るから，$4x+20$（個）

(2) 子どもの人数とみかんの個数を求めましょう。
　1人に6個ずつ配ると10個たりないから，$6x-10$（個）
　よって，$4x+20=6x-10$　これを解くと，$x=15$
　よって，みかんの個数は，$4\times 15+20=80$（個）
　子どもの人数とみかんの個数は自然数だから，これらは問題にあっている。
　子どもの人数は 15人，みかんの個数は 80個

復習テスト　4章 方程式　本文ページ→66〜67

1 (1) 1　　(2) -2

2 (1) $x=-7$　(2) $x=-5$　(3) $x=18$
　(4) $x=4$　(5) $x=-2$　(6) $x=-6$
　(7) $x=3$　(8) $x=-1$

3 (1) $x=6$　(2) $x=-3$　(3) $x=-12$
　(4) $x=4$

解説 (2) かっこをはずすと，$2x-8=7x+7$
　　(3) 両辺に6をかけると，$x-30=4x+6$
　　(4) 両辺に15をかけると，$5(x+2)=3(3x-2)$

4 (1) $1000-5x$（円）　(2) $1000-5x=600-3x+40$
　(3) 180円

解説 (3) $-5x+3x=600+40-1000$，$-2x=-360$，
　　$x=180$　ノートの値段は自然数だから，これは問題にあっている。

5 (1) $10x+25$（枚），$15x-20$（枚）
　(2) 子どもの人数…9人，色紙の枚数…115枚

解説 (2) $10x+25=15x-20$，$-5x=-45$，$x=9$
　　色紙の枚数は，$10x+25$ に $x=9$ を代入して，
　　$10\times 9+25=115$（枚）
　　子どもの人数と色紙の枚数は自然数だから，これらは問題にあっている。

28 比例とは？　本文ページ→69

基本練習

次の数量の関係について，y を x の式で表し，y が x に比例するものには○を，比例しないものには×を書きましょう。

(1) 1冊200円のノートを x 冊と50円の消しゴムを1個買ったときの代金の合計を y 円とします。
　代金の合計＝ノートの代金＋消しゴムの代金
　… $y=200x+50$　　×

(2) 空の水そうに，毎分8 ℓ の割合で x 分間水を入れたときの，水そうの中の水の量を $y\ell$ とします。
　水そうの中の水の量＝1分間に入れる水の量×時間
　… $y=8x$　　○

(3) 12 km の道のりを，時速 x km で進んだときにかかる時間を y 時間とします。
　時間＝道のり÷速さ … $y=\dfrac{12}{x}$　　×

(4) 1辺が x cm の正三角形の周の長さを y cm とします。
　正三角形の周の長さ＝1辺の長さ×3 … $y=3x$　　○

まず，ことばの式で表してから文字式にします。
$y=ax$ の形の式で表せれば，y は x に比例します。

29 比例を表す式　本文ページ→71

基本練習

次の問いに答えましょう。

(1) y は x に比例し，$x=2$ のとき $y=-6$ です。y を x の式で表しましょう。

y は x に比例するから，比例定数を a とすると，$y=ax$
$x=2$ のとき $y=-6$ だから，$-6=a\times 2$，$a=-3$
したがって，式は，$y=-3x$

(2) y は x に比例し，$x=-20$ のとき $y=5$ です。$x=-8$ のときの y の値を求めましょう。

y は x に比例するから，比例定数を a とすると，$y=ax$
$x=-20$ のとき $y=5$ だから，$5=a\times(-20)$，$a=-\dfrac{1}{4}$
したがって，式は，$y=-\dfrac{1}{4}x$
この式に $x=-8$ を代入すると，
$y=-\dfrac{1}{4}\times(-8)=2$

30 座標　本文ページ→73

基本練習

右の図で，点A，B，C，Dの座標を答えましょう。

点A…x 座標が 4，y 座標が 2
　→A(4, 2)
点B…x 座標が -1，y 座標が 5
　→B(-1, 5)
点C…x 座標が -3，y 座標が -2
　→C(-3, -2)
点D…x 座標が 0，y 座標が -3
　→D(0, -3)

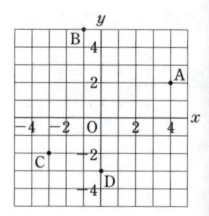

右の図に，座標が次のような点をかき入れましょう。
　A(3, 2)　　B(-4, 1)
　C(-2, -5)　D(1, 0)

A(3, 2)…x 軸上の 3 の点と y 軸上の 2 の点から，それぞれの軸に垂直にひいた直線が交わるところにある点。

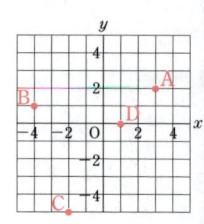

31 比例のグラフのかき方　本文ページ→75

基本練習

次のグラフをかきましょう。

(1) $y=3x$
$x=1$ のとき $y=3$ だから，グラフは，原点Oと点(1, 3)を通る直線。
原点以外のもう1点は，点(2, 6)，(3, 9)などでもよい。

(2) $y=-2x$
$x=2$ のとき $y=-4$ だから，グラフは，原点Oと点(2, -4)を通る直線。
原点以外のもう1点は，点(1, -2)，(3, -6)などでもよい。

原点以外のもう1点は，原点からできるだけはなれた点を選ぶと，正確な直線をかきやすい。

32 比例のグラフのよみ方　本文ページ→77

基本練習

右の図の(1)，(2)のグラフは比例のグラフです。それぞれについて，y を x の式で表しましょう。

(1) グラフは，点(1, -3)を通るから，この点の座標を $y=ax$ に代入すると，
$-3=a\times 1$
$a=-3$
したがって，式は，$y=-3x$
グラフが通る点は，点(2, -6)，(-1, 3)，(-2, 6)を選んでもよい。

(2) グラフは，点(4, 1)を通るから，この点の座標を $y=ax$ に代入すると，
$1=a\times 4$
$a=\dfrac{1}{4}$
したがって，式は，$y=\dfrac{1}{4}x$
グラフが通る点は，点(-4, -1)を選んでもよい。

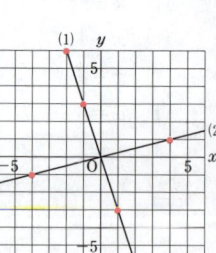

33 反比例とは？ 本文ページ→79

基本練習

次の数量の関係について，y を x の式で表し，y が x に反比例するものには○を，反比例しないものには×を書きましょう。

(1) 180ページある本を x ページ読んだときの残りのページ数を y ページとします。
残りのページ数＝全体のページ数－読んだページ数
… $y=180-x$ ×

(2) 半径が x cm の円の周の長さを y cm とします。ただし，円周率は 3.14 とします。
円の周の長さ＝半径×2×円周率 … $y=6.28x$ ×

(3) 90 cm のリボンを x 等分したときの 1 本分の長さを y cm とします。
1本分の長さ＝全体の長さ÷等分した本数 … $y=\dfrac{90}{x}$ ○

(4) 面積が 20 cm² の長方形の縦の長さを x cm，横の長さを y cm とします。
横の長さ＝長方形の面積÷縦の長さ … $y=\dfrac{20}{x}$ ○

$y=\dfrac{a}{x}$ の形の式で表せれば，y は x に反比例します。

34 反比例を表す式 本文ページ→81

基本練習

次の問いに答えましょう。

(1) y は x に反比例し，$x=4$ のとき $y=-2$ です。y を x の式で表しましょう。
y は x に反比例するから，比例定数を a とすると，
$y=\dfrac{a}{x}$
$x=4$ のとき $y=-2$ だから，$-2=\dfrac{a}{4}$，$a=-8$
したがって，式は，$y=-\dfrac{8}{x}$

(2) y は x に反比例し，$x=3$ のとき $y=6$ です。$x=-9$ のときの y の値を求めましょう。
y は x に反比例するから，比例定数を a とすると，
$y=\dfrac{a}{x}$
$x=3$ のとき $y=6$ だから，$6=\dfrac{a}{3}$，$a=18$
したがって，式は，$y=\dfrac{18}{x}$
この式に $x=-9$ を代入すると，
$y=\dfrac{18}{-9}=-2$

35 反比例のグラフのかき方 本文ページ→83

基本練習

次のグラフをかきましょう。

(1) $y=\dfrac{8}{x}$

x	…	-8	-4	-2	-1
y	…	-1	-2	-4	-8

0	1	2	4	8	…
×	8	4	2	1	

(2) $y=-\dfrac{9}{x}$

x	…	-9	-6	-3	-1
y	…	1	1.5	3	9

0	1	3	6	9	…
×	-9	-3	-1.5	-1	

とった点を通るなめらかな曲線をかきます。

36 反比例のグラフのよみ方 本文ページ→85

基本練習

右の図の(1)，(2)のグラフは反比例のグラフです。それぞれについて，y を x の式で表しましょう。

(1) グラフは，点(2，5)を通るから，この点の座標を $y=\dfrac{a}{x}$ に代入すると，$5=\dfrac{a}{2}$，$a=10$
したがって，式は，$y=\dfrac{10}{x}$

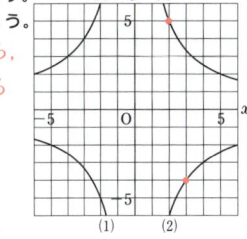

グラフが通る点は，点(5，2)，(-2，-5)，(-5，-2)を選んでもよい。

(2) グラフは，点(3，-4)を通るから，この点の座標を $y=\dfrac{a}{x}$ に代入すると，$-4=\dfrac{a}{3}$，$a=-12$
したがって，式は，$y=-\dfrac{12}{x}$

グラフが通る点は，点(2，-6)，(4，-3)，(6，-2)などを選んでもよい。

復習テスト 5章 比例と反比例 (本文ページ→86〜87)

1
(1) $y=\dfrac{x}{6}$ $\left(y=\dfrac{1}{6}x\right)$ ○ (2) $y=\dfrac{60}{x}$ △
(3) $y=120-5x$ × (4) $y=9x$ ○

2
(1) $y=\dfrac{1}{2}x$, $y=-4$ (2) $y=-\dfrac{24}{x}$, $y=-12$

解説 (1) 比例の式 $y=ax$ (2) 反比例の式 $y=\dfrac{a}{x}$

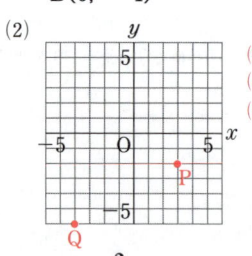

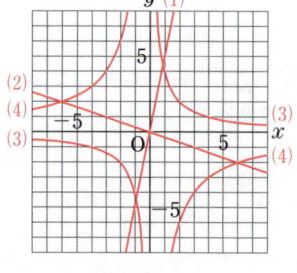

3
(1) A$(-5, 2)$
   B$(0, -4)$
(2) (グラフ上に点P, Q)

4 (グラフ)

5
(1) $y=-\dfrac{3}{2}x$ (2) $y=\dfrac{15}{x}$

解説
(1) 点$(-4, 6)$, $(-2, 3)$, $(2, -3)$, $(4, -6)$を通る直線。
(2) 点$(3, 5)$, $(5, 3)$, $(-3, -5)$, $(-5, -3)$を通る双曲線。

---

37 線対称な図形 (本文ページ→89)

基本練習

右下の図は線対称な図形で，直線ℓは対称の軸です。次の問いに答えましょう。

(1) 辺 BC に対応する辺はどれですか。

辺 HG
点Bに対応する点は点H，点Cに対応する点は点G

(2) ∠Gと等しい角はどれですか。

∠Gに対応する角だから，∠C
角は記号∠を使って表し，角Gと読みます。
∠FGH，∠HGFと表すこともあります。

(3) DF=8 cm のとき，線分 DI の長さは何 cm ですか。

点Dと点Fは対応する点だから，DI = FI
DI=DF÷2=8÷2=4(cm)

(4) 線分 AE と線分 CG との関係を記号を使って表しましょう。

線分 AE と線分 CG は垂直だから，AE⊥CG
2直線が垂直であることを記号⊥を使って表します。

---

38 点対称な図形 (本文ページ→91)

基本練習

右下の図は点対称な図形で，点Oは対称の中心です。次の問いに答えましょう。

(1) 点Cに対応する点はどれですか。

点G
点Oを中心として180°回転させたとき，点Cと重なりあう点

(2) ∠Eに対応する角はどれですか。

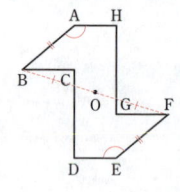

∠A

(3) 辺 EF と等しい辺はどれですか。

辺 EF と対応する辺だから，辺 AB

(4) OF=5 cm のとき，線分 BF の長さは何 cm ですか。

点Fと点Bは対応する点だから，OF=OB
BF=OF×2=5×2=10(cm)

---

39 円とおうぎ形 (本文ページ→93)

基本練習

右下の図で，●のついた6つの角はすべて等しい大きさです。次の□にあてはまるものを書きましょう。

(1) おうぎ形 OAB を点Oを中心にして回転すると，おうぎ形 OBC とぴったり重なりあいます。
　このことから，1つの円で，等しい中心角に対する **弧** の長さは等しくなります。

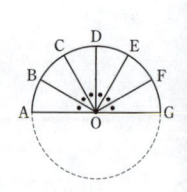

(2) (1)より，$\overparen{AB}$ と $\overparen{BC}$ の関係を式で表すと，$\overparen{AB}$ **=** $\overparen{BC}$

(3) $\overparen{BG}$ の長さは，$\overparen{AB}$ の長さの **5** 倍です。

これを式で表すと，$\overparen{BG}=5\overparen{AB}$

(4) $\overparen{AC}$ と $\overparen{AG}$ の関係を式で表すと，$\overparen{AG}=$ **$3\overparen{AC}$**

40 多角形とは？ 本文ページ→95

基本練習

次の㋐〜㋔の図形について，下の問いに答えましょう。
㋐ 正三角形　㋑ 正五角形　㋒ 正六角形　㋓ 正八角形　㋔ 正九角形

(1) 線対称な図形であるが，点対称な図形でないものはどれですか。
　頂点の数が奇数の正多角形だから，㋐，㋑，㋔

(2) 線対称な図形であり，点対称な図形でもあるものはどれですか。
　頂点の数が偶数の正多角形だから，㋒，㋓

(3) ㋐の図形の対称の軸は何本ですか。
　正三角形の対称の軸は 3 本

(4) 対称の軸がいちばん多い図形はどれですか。
　対称の軸の数…㋐3本，㋑5本，㋒6本，㋓8本，㋔9本
　いちばん多いのは㋔

㋐正三角形　㋑正五角形　㋒正六角形　㋓正八角形　㋔正九角形

41 基本の作図① 本文ページ→97

基本練習

次の作図をしましょう。

(1) 点Aから直線ℓへの垂線
　＜別のかき方＞

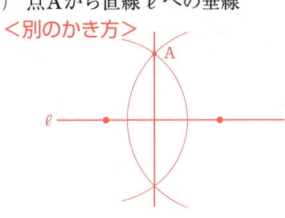

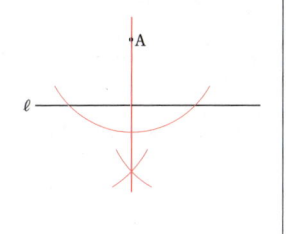

(2) △ABC で，頂点Bから辺 AC への垂線と頂点Cから辺 AB への垂線の交点P
　三角形ABCを記号△を使って，△ABCと表します。

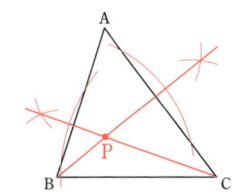

42 基本の作図② 本文ページ→99

基本練習

次の作図をしましょう。

(1) 線分 AB の垂直二等分線

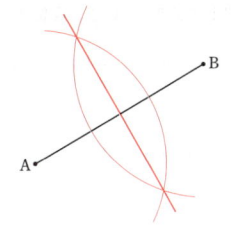

(2) ∠ABC の二等分線と辺 AC との交点P
　∠ABC の二等分線をかき，
　辺 AC との交点をPとします。

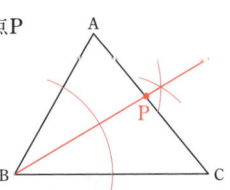

43 作図を利用した問題 本文ページ→101

基本練習

次の作図をしましょう。

(1) 右の図の △ABC で，辺 BC を底辺とみたときの高さAH
　辺 BC を点Cのほうに延長します。
　点Aから直線BC に垂線をひき，BCとの交点をHとします。

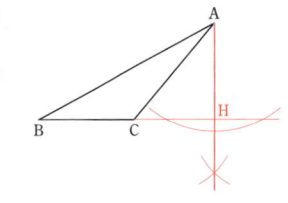

(2) 右の図のような線対称な図形の対称の軸
　線分 BD の垂直二等分線が対称の軸になります。
　＜別のかき方＞
　線分 AE の垂直二等分線を作図してもよい。

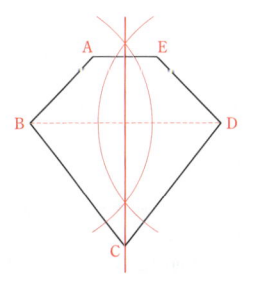

44 円やおうぎ形の長さと面積

本文ページ → 103

基本練習

右の円の円周の長さと面積を求めましょう。

円周の長さ…$\underline{2\pi \times 5}=10\pi$(cm)
　　　　　　　$2\pi r$
面積…$\underline{\pi \times 5^2}=25\pi$(cm²)
　　　πr^2

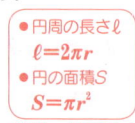

- 円周の長さ ℓ
  $\ell=2\pi r$
- 円の面積 S
  $S=\pi r^2$
  (半径 r, 円周率 π)

次のおうぎ形の弧の長さと面積を求めましょう。

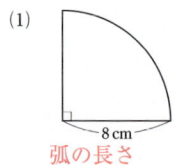

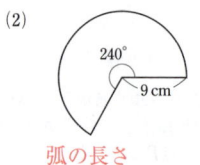

(1) 8cm

弧の長さ
…$2\pi \times 8 \times \dfrac{90}{360}=4\pi$(cm)
面積
…$\pi \times 8^2 \times \dfrac{90}{360}=16\pi$(cm²)

(2) 240°, 9cm

弧の長さ
…$2\pi \times 9 \times \dfrac{240}{360}=12\pi$(cm)
面積
…$\pi \times 9^2 \times \dfrac{240}{360}=54\pi$(cm²)

- おうぎ形の弧の長さ ℓ
  $\ell=2\pi r \times \dfrac{a}{360}$
- おうぎ形の面積 S
  $S=\pi r^2 \times \dfrac{a}{360}$
  (おうぎ形の半径 r, 中心角 $a°$, 円周率 π)

復習テスト 6章 平面図形

本文ページ → 104〜105

1 (1) 辺GF　(2) AE⊥CG　(3) 10cm
2 (1) 辺FG　(2) ∠B　(3) 7cm

3
	名前	対称の軸の数	点対称な図形
ア	正三角形	3	×
イ	正五角形	5	×
ウ	正六角形	6	○
エ	正七角形	7	×

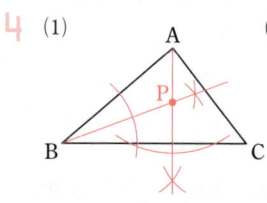

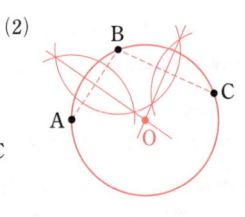

4 (1) 三角形ABCの内心(P) (2) 三点A,B,Cを通る円(O)

解説 (2) 線分ABの垂直二等分線と線分BCの垂直二等分線との交点をOとします。
　　　点Oを中心として、半径OAの円をかきます。

5 (1) 弧の長さ…**4π**cm, 面積…**20π**cm²
　　(2) 弧の長さ…**5π**cm, 面積…**10π**cm²

解説 (1) 弧の長さは, $2\pi \times 10 \times \dfrac{72}{360}=4\pi$(cm)
　　　面積は, $\pi \times 10^2 \times \dfrac{72}{360}=20\pi$(cm²)

---

45 いろいろな立体

本文ページ → 107

基本練習

立体の辺や面についてまとめます。左ページのア〜エの立体を見て、下の表のあいているところにあてはまる数やことばを書きましょう。

	三角柱	四角柱	三角錐	四角錐
辺の数	9	12	6	8
面の数	5	6	4	5
底面の形	三角形	四角形	三角形	四角形
側面の形	長方形	長方形	三角形	三角形

右の立体について、次の問いに答えましょう。

(1) 何という立体ですか。
　　六角錐
(2) 底面の形はどんな図形ですか。
　　六角形
(3) 側面の数はいくつですか。
　　6つ

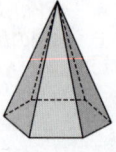

---

46 直線や平面の平行・垂直

本文ページ → 109

基本練習

右下の図の三角柱で、辺を直線、面を平面と見て、次の問いに答えましょう。

(1) 直線ADと平行な直線はどれですか。
　　直線BE, CF
(2) 直線ADと垂直な直線はどれですか。
　　直線AB, AC, DE, DF
　　四角形ADEBは長方形だから、∠BAD=90°
(3) 直線ADとねじれの位置にある直線はどれですか。
　　直線BC, EF
　　(1)の平行な直線と、(2)の交わる直線をのぞいた残りの直線です。
(4) 直線ADと平行な平面はどれですか。
　　平面BEFC
　　平面ADEB, 平面ADFCは直線ADをふくむ平面なので、平行ではありません。
(5) 平面ADEBと交わる直線はどれですか。
　　直線BC, AC, EF, DF

47 平面と平面の平行・垂直

本文ページ → 111

基本練習

右下の図は，直方体を2つに分けてできた三角柱です。次の問いに答えましょう。

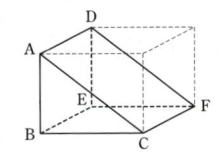

(1) 平面 ABC と平行な平面はどれですか。

平面 DEF

(2) 平面 ABC と交わる平面はどれですか。

平面 ABED，BCFE，ACFD

(3) 平面 BCFE と垂直な平面はどれですか。

平面 ABED，ABC，DEF
直方体のとなり合う面は垂直であることから考える。

(4) 平面 ACFD と垂直な平面はどれですか。

平面 ABC，DEF
平面ACFDと90°で交わる面を見つける。

48 面を動かしてできる立体

本文ページ → 113

基本練習

次の図形を，直線ℓを軸として1回転させると，どんな立体ができますか。見取図をかいて，立体の名前を答えましょう。

(1) 円錐

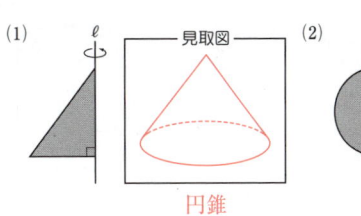

(2) 球

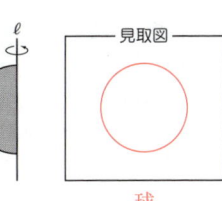

次の図形を，直線ℓを軸として1回転させてできる立体の見取図をかきましょう。

(1)

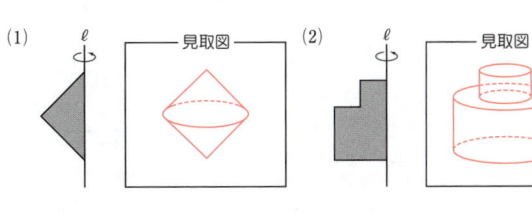

(2)

49 角柱・円柱の展開図

本文ページ → 115

基本練習

右の円柱の展開図について，次の問いに答えましょう。

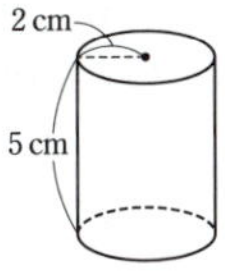

(1) 展開図で，底面の円の直径を求めましょう。

$2 \times 2 = 4$ (cm)

(2) 展開図で，側面の長方形の縦の長さと横の長さを求めましょう。ただし，円周率は3とします。

- 縦の長さは，円柱の高さに等しいから，5 cm
- 横の長さは，底面の円周の長さに等しいから，
  $4 \times 3 = 12$ (cm)
  直径×円周率

(3) 展開図をかきましょう。

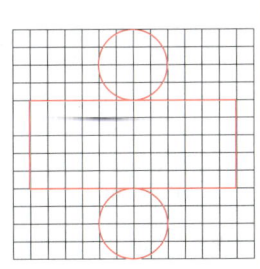

50 角錐・円錐の展開図

本文ページ → 117

基本練習

下の図は，円錐とその展開図です。次の問いに答えましょう。ただし，円周率はπとします。

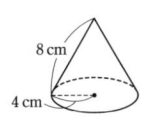

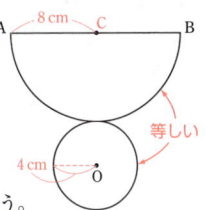

(1) 線分 AB の長さを求めましょう。

おうぎ形の半径は，円錐の母線の長さだから，8 cm
線分 AB は，半径 AC の 2 倍だから，$8 \times 2 = 16$ (cm)

(2) 円Oの円周の長さを求めましょう。

半径 4 cm の円の円周だから，$2\pi \times 4 = 8\pi$ (cm)

(3) $\overset{\frown}{AB}$ の長さを求めましょう。

円Oの円周の長さと等しいから，8π cm

51 立体の表面積

本文ページ → 119

基本練習

次の立体の底面積，側面積，表面積を求めましょう。ただし，円周率はπとします。

(1) 円柱 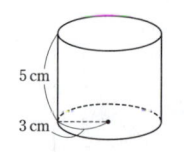
底面積…$\pi \times 3^2 = 9\pi$ (cm²)
側面積…$5 \times 2\pi \times 3 = 30\pi$ (cm²)
表面積…$9\pi \times 2 + 30\pi = 48\pi$ (cm²)
展開図で考えるとわかりやすい。

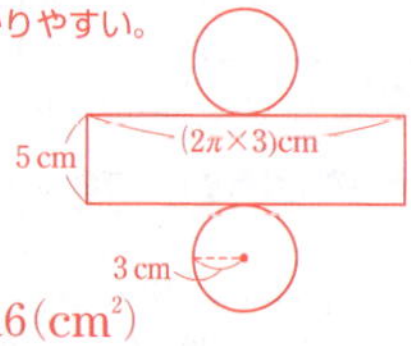

(2) 正四角錐
底面積…$4 \times 4 = 16$ (cm²) 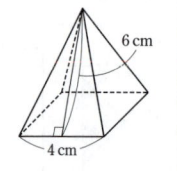
側面積…$\dfrac{1}{2} \times 4 \times 6 \times 4 = 48$ (cm²)
表面積…$16 + 48 = 64$ (cm²)
底面は，1辺4cmの正方形。
側面は，底辺が4cm，高さが6cmの4つの合同な二等辺三角形。

52 立体の体積

本文ページ → 121

基本練習

次の立体の体積を求めましょう。ただし，円周率はπとします。

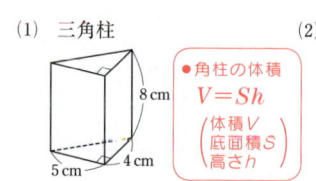

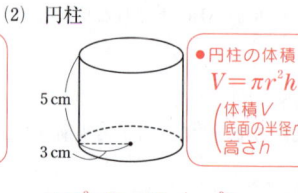

(1) 三角柱
● 角柱の体積
$V = Sh$
(体積V／底面積S／高さh)
$\dfrac{1}{2} \times 5 \times 4 \times 8 = 80$ (cm³)
底面積　高さ

(2) 円柱
● 円柱の体積
$V = \pi r^2 h$
(体積V／底面の半径r／高さh)
$\pi \times 3^2 \times 5 = 45\pi$ (cm³)
底面積　高さ

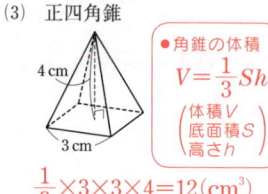

(3) 正四角錐
● 角錐の体積
$V = \dfrac{1}{3} Sh$
(体積V／底面積S／高さh)
$\dfrac{1}{3} \times 3 \times 3 \times 4 = 12$ (cm³)
底面積　高さ

(4) 円錐 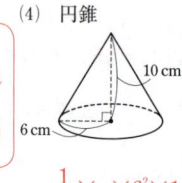
● 円錐の体積
$V = \dfrac{1}{3} \pi r^2 h$
(体積V／底面の半径r／高さh)
$\dfrac{1}{3} \times \pi \times 6^2 \times 10 = 120\pi$ (cm³)
底面積　高さ

復習テスト

本文ページ → 122〜123

7章　空間図形

1
(1) 直線DC, EF, HG
(2) 直線AD, AE, BF
(3) 直線DH, CG, EH, FG
(4) 直線BF, CG
(5) 直線AB, DC, EF, HG, BC, FG
(6) 平面DHGC
(7) 平面ABCD, EFGH, AEHD

解説　(2) 直線ABと直線BCは交わりますが，垂直ではありません。
(3) 直線ABと平行でなく，交わらない直線です。
(5) 一見，平面AEHDと直線BC, FGは交わらないように見えますが，平面と直線をのばしてみましょう。交わることがわかりますね。

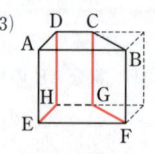

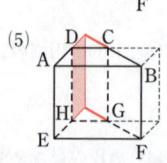

2 (1)　(2)

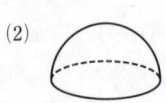

解説　(1) 円柱と円錐をあわせた立体になります。
(2) 球を2等分した立体になります。

3
(1) 底面…円　側面…長方形
(2) 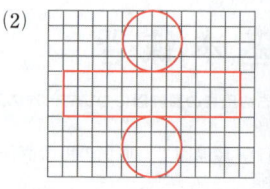
(3) 20π cm²
(4) 12π cm³

解説　(2) 展開図で，側面の長方形は，
縦…円柱の高さだから，3cm
横…底面の円周の長さだから，$2 \times 3 \times 2 = 12$ (cm)
(3) $\pi \times 2^2 \times 2 + 3 \times 2\pi \times 2 = 20\pi$ (cm²)
　　底面積　　　　側面積
(4) $\pi \times 2^2 \times 3 = 12\pi$ (cm³)
　　底面積　↑高さ

4 (1) 50 cm³　(2) 48π cm³

解説　角錐・円錐の体積＝$\dfrac{1}{3}$×底面積×高さ
(1) $\dfrac{1}{3} \times 5 \times 5 \times 6 = 50$ (cm³)
　　底面積　↑高さ
(2) $\dfrac{1}{3} \times \pi \times 4^2 \times 9 = 48\pi$ (cm³)
　　底面積　↑高さ